李卫国 陈巍 梁建宏 胡涛 | 著

自己动手做智能机器人

“卓越之星”工程套件实践与创意

ROBOT

人民邮电出版社
北京

图书在版编目（CIP）数据

自己动手做智能机器人 ： “卓越之星”工程套件实践与创意 / 李卫国等著. -- 北京 ： 人民邮电出版社, 2016.10
ISBN 978-7-115-43157-8

Ⅰ. ①自… Ⅱ. ①李… Ⅲ. ①智能机器人－基本知识 Ⅳ. ①TP242.6

中国版本图书馆CIP数据核字(2016)第195668号

内容提要

随着嵌入式技术的不断发展，传统硬件已经逐渐变得更智能、更人性化、更方便大众使用。本书就是集理论和实践指导为一体的一本智能机器人开发指南。

本书内容分为 3 篇，共 11 章。基础篇包含 6 章内容，介绍了有关智能硬件开发的各类基础知识以及“卓越之星”平台的使用技巧。实战篇包含 3 章内容，介绍了多个实用案例，覆盖各个难度的项目类型。创新篇包含两章内容，介绍了两个大型综合智能系统的构建。

本书适合对机器人相关技术感兴趣的读者阅读，也适合作为普通高校相关专业的工程创新实训、课程设计、科技竞赛及实验指导教程。

◆ 著　李卫国　陈　巍　梁建宏　胡　涛
责任编辑　胡俊英
责任印制　焦志炜

◆ 人民邮电出版社出版发行　北京市丰台区成寿寺路 11 号
邮编　100164　电子邮件　315@ptpress.com.cn
网址　http://www.ptpress.com.cn
固安县铭成印刷有限公司印刷

◆ 开本：800×1000　1/16
印张：14.75　2016 年 10 月第 1 版
字数：278 千字　2024 年 7 月河北第 4 次印刷

定价：49.00 元

读者服务热线：(010)81055410　印装质量热线：(010)81055316
反盗版热线：(010)81055315

推荐序

智能机器人技术是现代信息技术和先进制造技术的典型代表，它代表着一个国家高新技术发展的综合水平。智能机器人已逐渐走进我们日常生活的各个应用领域，将在我国工业体系向“工业 4.0”时代迈进中扮演重要角色。

智能机器人是通过各种传感器、测量器等来获取环境的信息，然后利用人工智能技术进行识别、理解、推理，并最后做出规划决策，能自主行动、实现预定目标的高级机器人。智能机器人技术是 21 世纪的核心科技，美日韩等国家开展机器人研究起步较早，一直引领国际机器人发展的潮流。

近年来，我国机器人教育开始得到普遍关注，组织大学生走出国门去参加多项国际机器人大赛，并取得了较好的成绩，但创新教育和机器人教育的整体水平还不高。由于各个学校的条件限制，机器人教育没有在国内大范围地开展，也没有明确的学科归属，各高校一般没有独立开设机器人学专业，机器人教育的形式主要还是在智能科学与技术、机械设计制造及其自动化等专业中或公共选修课中开设机器人课程。为提高我国机器人技术水平和应用能力，使机器人技术更好地为经济建设服务，必须大力发展机器人教育，普及机器人文化，培养我国机器人技术开发的后备力量，为我国经济的腾飞和可持续发展做准备。

机器人教育已经成为呼声很高的创新教育平台，并且正在大踏步地走向基础教育。但随着各高校机器人实验室的迅速发展，机器人基础教育课程面临的困境也日益突出，主要表现在：第一，竞赛活动商业化严重，教育发展方向偏移；第二，资金严重缺乏，配套组件及设施不够；第三，教育研究欠缺，教学活动随意性强；第四，相关机器人教材短缺，特别是能够进入课程或者参与学科整合的图书还很少，机器人教学研究成果非常缺乏。

“卓越之星”模块化工程套件，是博创尚和公司于 2014 年上半年推出的一套用于开展工程创新实践的模块化套件，融合了机电一体化技术及先进的传感器网络技术。北京博创尚和科技有限公司的前身是成立于2005年的北京博创兴盛科技有限公司的机器人事业部，长久以来立足教育，以智能机器人技术为核心，以工程创新教育和素质教育为理念，致力于为高等院校及科研院所提供机器人产品、服务及应用解决方案，已与全国500余所高等院校在科研、创新教学、机器人竞赛工程实践等方面进行合作，是国内教育机器人行业的佼佼者。该公司在继续保持中国高等院校教育机器人领域领先地位的基础上，结合自身优势，把先进的智能机器人技术和教育理念大力延伸到中小学领域，开发了适合中小学的模块化机器人套件和课程体系，为成为国内的机器人教育行业的领航者而不懈努力。

“卓越之星”模块化工程套件及教材，不但可以通过简单的搭建和编程快速实现工程样机原型，而且可以通过相关课程体系的建立，指导学生学习基础知识、促进理论结合实践，快速提高工程素质。它有助于培养大学生的创新设计意识、综合工程应用能力与团队协作精神，也特别适合理工科学生的创新实践。

以“卓越之星”工程套件的综合场景案例作为参考，进行场景研究或者拓展式技术讨论。在这套产品中，包含有智能建筑、智能家居、智慧化工、3D打印工厂、食品安全追溯系统等综合性系统性大型场景案例，通过对这些热点领域的技术探讨，能延伸出大量有价值的课题，学生可在这些基础上进行无限创新。

“卓越之星”模块化工程套件及教材通过对实际问题的解决，既可以作为大学生创新实训教具和实验器材，也可以作为大学生的课程设计或者毕业设计平台，还适合工科院系搭建大型模拟工业生产线场景、物联网模拟应用场景。教师可直接将其用于开展教学，它适合作为高等工程专业学校“机器人概论”和“智能机器人实训”等课程的教材，也可供开发机器人科技项目或参加机器人竞赛的人员参考。该套件是高校机器人教育改革中的一次很好的探索。

本书的第一作者李卫国老师是太原理工大学工程训练中心的副主任，中国机器人大赛知名专家，太原理工大学机器人团队指导教师，他多次带领该校机器人团队在大赛中获奖。李卫国老师从事机器人教育多年，他专门开设了机器人选修课，以课程带动学科，以竞赛检验课程，在机器人教育领域积累了丰富的经验。他的这本书以“卓越之星”模块化工程套件为依托，系统介绍了模块化套件的概念、产品特点、使用方法、学习方法等，内容深入浅出，适合高等院校的机械、电子、计算机等相关专业的学生作为工程实践能力培训教材，也可作为工程技术人员、娱乐创客和产业创客的参考书。

机器人教育具有趣味性、创新性和可操作性等特点，它的生命力是非常旺盛的。机器人教育的未来发展大有希望，是一个持续发展、革新的过程。真诚期待本书的出版，能够给机器人教育的内容和形式带来更多的惊喜与期待，而更多优秀图书的问世必将推动机器人教育事业取得长足的进步。

陈言俊

2016 年 6 月

陈言俊

❖ 山东大学教授，山东大学教学名师

❖ 教育部高等学校创新教学方法指导委员会委员

❖ 教育部高等学校创客教育基地联盟咨询委员会委员

❖ 中国自动化学会机器人竞赛委员会委员

❖ 国际水中机器人联盟副主席

❖ 中国大学生 iCAN 创新创业大赛山东赛区秘书长

❖ 山东省高校物联信息工程联盟秘书长

❖ 全国大学生电子设计竞赛山东赛区专家

❖ 山东大学教学指导委员会委员

❖ 山东大学创新教育委员会委员

❖ 山东大学人工智能与机器人创新平台负责人

作者简介

李卫国　高级工程师，教育部国家级实验教学示范中心、太原理工大学工程训练中心副主任。历任国际机器人竞技与创客教育联盟副主席，中国自动化学会机器人竞赛工作委员会委员，华北五省（市、区）大学生机器人大赛专家委员，山西省大学生机器人大赛专家组组长等。

他长期从事大学生的创新实践和机器人教育、机器人竞赛工作，组建了太原理工大学机器人团队并带队参加国际国内各种机器人大赛并获得各类竞赛冠亚季奖杯二十余尊、省级以上一二三等奖近百项。

陈巍　南京工程学院创新学院副院长，副教授，香港科技大学访问学者。近5年来主持参与完成科研基金项目4项、出版教材2部，独立或作为第一作者公开发表学术论文10余篇（EI检索及中文核心多篇），指导国家级大学生竞赛获得全国冠军5项，亚军3项，季军2项，国家级及省级一等奖共30多项，二等奖30多项，三等奖及优胜奖若干项。指导毕业设计（论文）获江苏省三等奖，指导国家级大学生创新项目8项，省级大学生创新项目10项，结题6项。

梁建宏　北京航空航天大学机械工程及自动化学院副教授，智能技术与机器人中心副主任。主要研究方向为仿生水下机器人、微小型无人机。承担国家自然科学基金、国家863计划和国防基础科研项目多项。获得国防科技进步二等奖、三等奖各一项，获得武警科技进步二等奖一项，“吴文俊人工智能科学技术奖”三等奖一项。2011年获首届“中航工业杯—国际无人飞行器创新大奖赛”竞技二等奖，2014年参加中国第31次南极科考。

胡涛　国际机器人竞技与创客教育联盟执行秘书长，中国自动化学会机器人竞赛工作委员会委员，中国人工智能学会智能产品与产业工作委员会委员，长期从事模块化机器人创新教学及机器人竞赛研究，国内教育机器人领域知名专家。

前　言

随着嵌入式技术的发展，以及处理器体积的缩小和处理能力的提高，将微计算机集成在传统硬件之中，通过整合智能算法、网络技术、大数据、云技术等相关技术，使传统硬件变得更智能、更人性化、更方便使用已经是大势所趋。

智能硬件是继智能手机之后的一个科技概念，它通过软硬件结合的方式对传统设备进行改造，进而让其拥有智能化的功能。智能化之后，硬件将具备连接的能力，可实现互联网服务的加载，形成“云+端”的典型架构，具备了大数据等附加价值。

当前，我国正处于从“制造型大国”向“创新型强国”过渡的过程中，在国家政策的指导下，我国智能硬件技术和相关产业得到了飞速的发展，如智能家居、智能电视、智能手环、平衡车等，将具有高技术含量的智能硬件真正地推向了寻常百姓家。智能硬件已经不再只是实验室及科研单位的“宠儿”，而是已经在产业化的方向上越走越远，并已经被大众消费者广泛地认同。

“小而强”是智能硬件的特点，它的飞速发展，极大地颠覆了人们对传统产品和装置的认识。或许在 5 年前，绝大多数人还没有想到具有 PC 功能的智能手机会在今天装到每个人的口袋里，也不会想到今天能通过手机进行自动结算和一键支付。而智能硬件的应用前景远不止于此，除我们身边的衣食住行外，在自动化工业生产、智能农业、智能医疗、军警应用等领域也发挥着越来越大的作用，并在其他相关领域也有着很大的应用前景。

“卓越之星”是什么

博创尚和科技有限公司生产的“卓越之星”模块化工程套件是一套用于开展工程创新实践的模块化套件，融合了机电一体化技术及先进的传感器网络技术。可以通过简单的搭建和编程，快速实现工程样机原型的搭建，特别适合作为理工科学生的创新实践平台。通过相关课程体系的建立，能系统地培养大学生的创新设计意识、综合工程应用能力与团队协作精神。

透过实际问题的解决，引导学生研究基础知识，理论结合实践，快速提高工程素质。

这套产品可依照以下方法使用：首先根据本书第 1 篇的相关内容，对照平台零部件进行逐个功能的了解认知，达到熟悉使用的程度；其次，结合自己的创意进行创造性开放，也可以结合本书配套资源中的《FollowMeGo》教程，进行 Demo 的搭建训练，寻找灵感。

本书特色

在内容上，本书以“卓越之星”模块工程套件平台为依托，介绍了模块化套件的概念、产品特点、使用方法，利用该套件的学习方法等，并在合适的地方讨论了相关技术的发展及本书内容的拓展空间。

本书内容共分为 3 篇，分别是基础篇、实战篇、创新篇。基础篇主要介绍了产品零部件的使用方法，依照机电一体化零部件的功能进行分类介绍。实战篇根据产品特点提供了一些小案例，展示了模块化零部件的常见应用场合，并结合实验说明了理论结合实践的相关机电一体化技术应用的内涵，其中实验是按照由浅入深、由易到难、由简到繁的顺序进行安排。读者可根据自己的实际情况进行选用。创新篇则以两个前沿热点场景的构建为例，系统地讨论了机电系统设计实现的基本过程，并对相关问题进行了引导式的探讨。

配套资源下载

在内容上，本书的各章节实验项目配套有相应的示例源代码，可到博创尚和科技有限公司的网站下载。书中提到的配套资源均可在 http://www.uptech-robot.com/down/下载到。

目标读者

本书适合高等院校的机械、电子、计算机等相关专业的学生作为工程实践能力培训教材使用，也可以作为相关领域工程技术人员的参考工具书，同时也比较适合作为娱乐创客及产业创客的实践参考书。

联系我们

如果你对本书的内容有任何疑问，可以将问题发送到 lux@uptech-robot.com，或者加入 QQ 群（群号：428558643），我们将竭力为你解答。

目　录

第1篇　基础篇

第3篇　创新篇

第 1 篇

基础篇

第1章 概述

1.1 机电一体化技术的变革

早期的机电一体化技术主要以机械设备或装置为主体，实现机械设备的电气化。人们能够通过操作按钮来控制设备的运行，因而解放了一部分劳动力，使工厂环境变得更简洁。后期随着计算机技术的发展，机电一体化设备由“人控”转为“程控”，实现了自动化控制。在各种设备中，机电一体化技术被广泛应用，并出现在我们生活周边，如自动豆浆机、自动门、自动电梯等。

在互联网技术高速发展的今天，机电一体化技术和互联网结合到了一起，德国的“工业4.0”、美国的“工业互联网”、我国的“中国制造2025”无一不与其相关。这种情况出现的原因就在于互联网提供了互联互通和信息融合的工具及技术，使机电一体化设备的功能出现了无限的可能性，因此像智能硬件之类的产品出现了井喷式的发展，并无时无刻不在触动着人们的神经。智能硬件中的大多数都是我们身边常见并解决人类需求的个人消费品。除互联网技术外，CPU运算能力的发展和高度集成、语音与图像识别等人工智能技术的发展也为机电一体化的升级和变革提供了有力的支撑。

机电一体化技术涉及机械、传感器、控制器、驱动器及执行器的设计技术。其中机械设计中采用新材料、新工艺、新方法，如采用碳纤维材料、各种3D打印制造工艺、3D建模设计和有限元分析等，使机械设计过程变得简单快捷，样机研发成本降低，构型更具有想象力，产品质量更精准可靠。在传感器方面，随着微机电系统（MEMS）技术的发展和微处理器在传感器上的应用，软件矫正补偿技术正逐步提高传感器的性能，降低功耗和缩小体积。同时也是处理器技术的发展推动了控制器、驱动器的发展，小型化的强大嵌入式处理系统在大大小小的系统中得到了广泛的应用。

“卓越之星”模块化工程套件是一套主要用于构建机电一体化样机或者模型的套件，具有多种材料、多种形态的结构件，多种等级的控制器和多种通信方式。“卓越之星”结合当前时代技术特点进行设计，能满足多数创客及样机研发人员在快速搭建物理样机方面的使用需求，比如快速搭建常见的智能家居系统、智能建筑系统、智能农场等。例如，关于智能电梯的设计，本书提供了详细的步骤及方法。目标是设计一个智能电梯，该电梯能通过语音识别乘客的目标楼层，然后通过模块化控制器实现自动控制、自动升降、自动开关门。使用者可以按照以下 6 步实现这个样机。

（1）使用产品提供的铝型材搭建出电梯的支撑框架。

（2）使用结构件搭建出轿厢本体。

（3）通过植入总线式数字舵机配合连杆机构实现对轿厢的自动门驱动。

（4）通过卷扬机构实现对轿厢的升降驱动。

（5）连接多媒体控制器和 STM32 单片机控制器，实现对电梯的逻辑控制和语音控制。

（6）利用图形化编程软件，通过拖拽图标实现程序控制逻辑。

1.2　机电一体化产品

机电一体化产品就是采用机电一体化技术研发制造的产品，主要是在机械产品的基础上附加自动化、信息化、智能化的元素。机电一体化技术即结合机械技术和电子技术于一体。随着计算机技术的迅猛发展和广泛应用，机电一体化技术获得前所未有的发展，成为一门综合计算机与信息技术、自动控制技术、传感检测技术、伺服传动技术和机械技术等学科并交叉发展的系统技术。随着嵌入式计算机的高度发展，具有移动计算能力的芯片体积越来越小巧，成本越来越低廉，功能越来越强大，电子技术正在飞速地改变传统机械的面貌，在国防、工业、医疗和消费类电子等各个领域，对机械系统产生深远的甚至是革命性的影响。

智能硬件是机电一体化技术发展到现阶段出现的典型应用，其通过软硬件结合的方式，对传统设备进行改造，进而让其拥有智能化的功能。得益于低成本强运算能力的芯片，以及各种传感器，传统机电设备智能化之后，甚至具备连接的能力，实现互联网服务的加载，形成“云+端”的典型架构，于是智能硬件的机电设备出现了各种新创意，激发了人们的购买欲望。改造的对象除了电子设备，例如手表、电视和电灯，也有以前纯机械的设备，例如门锁、和自行车。智能硬件已经从可穿戴设备延伸到智能电视、智能家居、智能汽车、智能医疗、智能玩具、机器人等领域。比较典型的智能硬件包括麦开水杯、Ninebot 两轮平衡车、小牛电动车等。

麦开水杯（见图 1-1）可以在手机 App 上输入用户的身高、体重，进而测算推荐每天的饮水量，并且实现饮水的提醒。

图 1-1 麦开水杯

Ninebot 两轮平衡车和 Ninebot One 独轮车（见图 1-2）可以上传用户的累计行驶里程，并且为用户显示其在全世界范围内的排名情况，Ninebot One 最厉害的玩家目前已经行驶了 8 000 km 以上。

图 1-2 Ninebot 平衡车及独轮车

小牛电动车拥有“活塞液压双碟刹+EBS（电子刹车）+动能回收”系统，锰钢碟刹车片配合前 220 mm 后 180 mm 的液压刹车卡钳，主打制动性能，在全天候各种路况下都有良好的适应性。“双碟刹+EBS”系统，20 km/h 的速度下制动距离仅 1.37 m，相比传统的无 EBS 鼓式刹车系统，缩短了 21%。

此外，小牛电动车并没有迎合这个时代，“为了智能化而智能化”，而是选择先集中突破电动车的防盗痛点：封闭集成 GPS 模块，随时追踪车辆位置，并且第一年流量免费。

用户可以通过 App 的远程控制来实现对车辆的管控，App 集成了包括车况检测、位置记录、报警提示、综合信息显示四大功能。在手机上可以进行整车情况检测，看到剩余电量信息、天气信息、附近维修点地理信息，自动获得充电提醒、电池提出报警、非法位移提醒，查询到车辆行驶轨迹记录，以及进行社区线上交流。

图 1-3　小牛电动车

在“大众创新，万众创业”的时代，我们新一代的机电工程师必须具备电子化、信息化的思想和互联网思维，才可能设计出更具竞争力的产品。

1.3　机电一体化技术带来哪些明星产品

世界因为互联计算变得更加精彩，而传统机电设备因为获得智能而焕发生机，不断涌现出拥有众多粉丝的耀眼明星。下面我们将介绍几款非常优秀的机器人产品，它们已经在各自的领域发挥着举足轻重的作用，并不断地挑战着新高度。

1.3.1 大狗军用机器人

传统装甲运兵车（见图 1-4）可以在野战道路上输送人员和装备，但是却无法支援山区、丛林和前沿阵地的步兵，但是随着“机-电-液”技术的发展，单位面积推力巨大的液压腿式机器人已经研发成功，即将成为紧跟步兵承载装备的“木牛流马”。

图 1-4 传统步兵运兵车

大狗军用机器人（见图 1-5）由波士顿动力公司（Boston Dynamics）专门为美国军队研究设计，它不仅仅可以爬山涉水，还可以承载较重的货物，而且这种机械狗可能比人类都跑得快。“大狗”机器人可根据环境的变化调整行进步态，被称为“当前世界上最先进的适应崎岖地形的机器人”，它不但能够行走和奔跑，而且还可跨越一定高度的障碍物。该机器人装备一部输出液压动力的汽油发动机，四条腿完全模仿动物的四肢设计，内部安装有特制的减震装置。机器人的长度为 1 m，高 70 cm，重量为 75 kg，行进速度可达到 7 km/ h，能够攀越 35°的斜坡。它可携带重量超过 150 kg 的武器和其他物资，具有很强的野战实用性。

大狗机器人的内部安装有一台计算机，可根据环境的变化调整行进姿态。而大量的传感器则能够保障操作人员实时地跟踪“大狗”的位置并监测其系统状况。据称，“大狗”机器人能够获得成功是由于采用了战斗机上采用的数字液压伺服系统，这种系统每平方厘米上能产生 160～250 kg 的液压力，当然也离不开先进的控制芯片和军用数据总线，使得机器腿能做出快速精准的调整。相比之下，传统步兵车辆运动系统的控制功能单一，仅在自动变速箱中有微计算机，有一些车辆甚至还在使用手动变速箱。

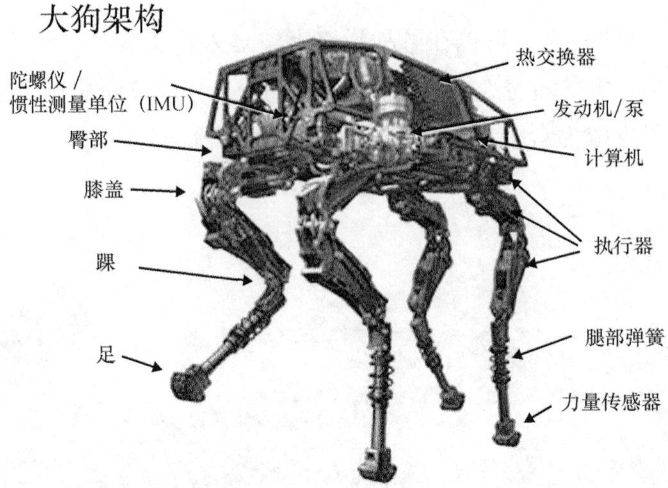

图 1-5　大狗机器人结构图

1.3.2　达芬奇手术机器人

传统外科手术受限于医生的视野，必须要使用传统的外科手术器械（见图 1-6）在人体上打开足够大的口子，才能让外科医生看见里面的情况，从而开展手术，特别是胸腔和腹腔手术，往往令人想起“开膛破肚”的血腥场面，这种手术方法，患者是痛苦的，外科医生的压力也是巨大的。

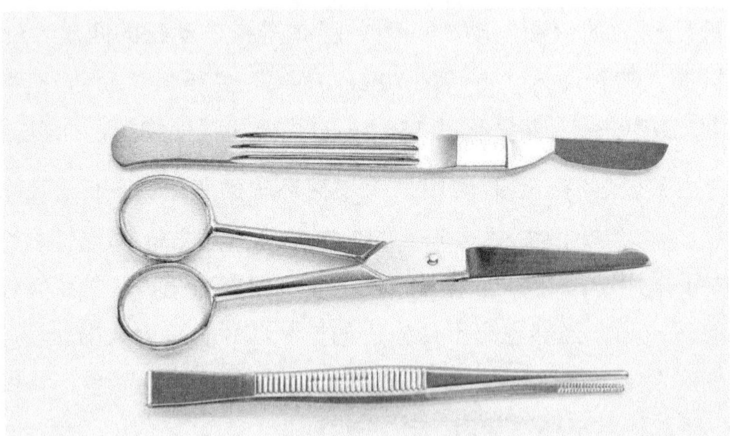

图 1-6　传统外科手术器械

现在，最先进的微创手术机器人，已经利用机器人技术，实现了机器人的眼睛代替人眼进入腹腔、胸腔里看，机器人的微型机械手代替人手进入人体实施手术，而只需要在患者手术部位附近打几个小孔，这种微创手术机器人系统就是达芬奇外科手术系统。

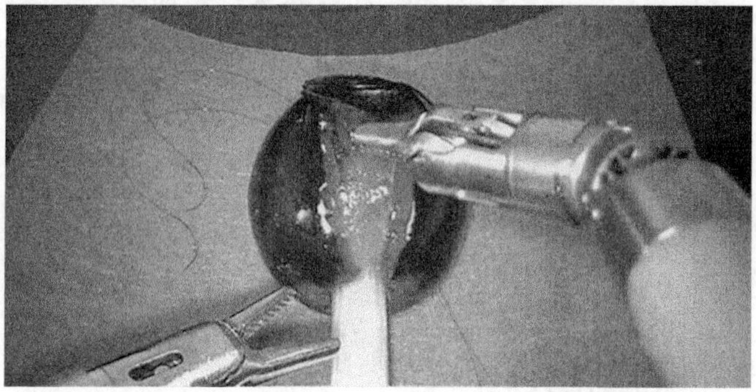

图 1-7 达芬奇手术机器人的前端器械

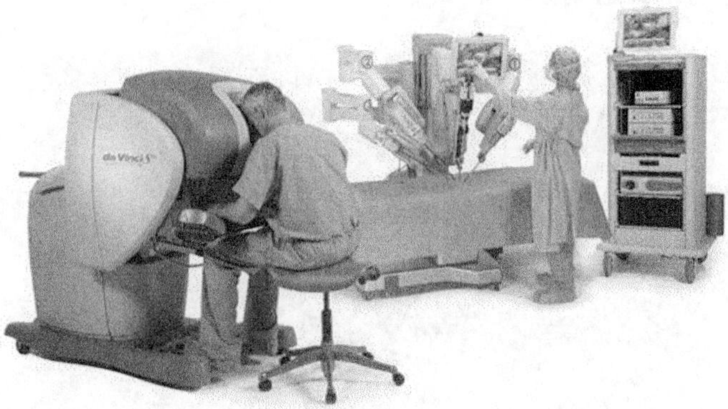

图 1-8 达芬奇手术机器人完整系统

达芬奇外科手术系统是一种高级机器人平台，其设计的理念是通过使用微创的方法，实施复杂的外科手术。达芬奇机器人由三部分组成：外科医生控制台、床旁机械臂系统、成像系统。

（1）外科医生控制台。主刀医生坐在控制台中，位于手术室无菌区之外，使用双手（通过操作两个主控制器）及脚（通过脚踏板）来控制器械和一个三维高清内窥镜。手术器械尖端与外科医生的双手同步运动。

（2）床旁机械臂系统。床旁机械臂系统是外科手术机器人的操作部件，其主要功能是为器械臂和摄像臂提供支撑。助手医生在无菌区内的床旁机械臂系统边工作，负责更换器械和内窥镜，协助主刀医生完成手术。为了确保患者安全，助手医生比主刀医生对于床旁机械臂系统的运动具有更高的控制权。

（3）成像系统。成像系统内装有外科手术机器人的核心处理器以及图像处理设备，在手术过程中位于无菌区外，可由巡回护士操作，并可放置各类辅助手术设备。外科手术机器人的内窥镜为高分辨率三维镜头，对手术视野具有 10 倍以上的放大倍数，能为主刀医生带来患者体腔内三维立体高清影像，使主刀医生较普通腹腔镜手术更能把握操作距离，更能辨认解剖结构，提升了手术精确度。

机器人技术的介入，使手术器械能以不同角度在手术部位操作，能够在有限狭窄空间工作，使得主刀医生在轻松的工作环境中工作，减少疲劳，提高精确度，从而使手术更完美。

1.3.3　多旋翼航拍无人机

传统的航空模型运动（见图 1-9）是一种锻炼动手制作能力、操纵感觉与反应，兼有传播空气动力学知识功能的体育运动。

图 1-9　传统航模运动

随着机电控制技术和无人机技术的进步，航空模型已经最先进入了“无人机+”时代，也就是无人机技术极大地改变了航空模型的产品形态、玩法和体验。以我国最大的航拍无人机出口产品——大疆“精灵 3”无人机（见图 1-10）为例，在一台 1300 g 左右的“精灵”四旋翼航拍无人机身上，集成了至少 9 颗嵌入式计算机芯片。它们在以下几方面发挥作用：（1）摄像头处理计算机，主要用于 CCD（电荷耦合器件）感光器件成像后的编码压缩处理等；（2）三轴云台控制计算机，它通过获取摄像头后面的陀螺仪、姿态传感器信息，驱动三轴无刷电机实现飞行中摄像头的稳定；（3）导航计算机，通过获取磁场、GPS、加速度计和陀螺的数据，分析计算机体的位置、速度、角速度和航向等导航信息；（4）飞行控制计算机，它根据导航计算机的导航数据，给四个驱动螺旋桨的无刷电机发出复杂的调整指令，从而实现悬停、抗风、机动飞行等复杂动作；（5）无刷电机驱动微处理器，它感知电机转子的相位，以 400 Hz 的频率控制电机的转速，从而实现升力的变化；（6）智能电池管理芯片，它采集每一片锂电池的电压和电流，从而估算容量，对电池进行保护。

图 1-10 “精灵”航拍无人机

传统的航空模型内部几乎没有高性能的处理器，因此飞行水平主要靠操纵者的训练和现场反应。而航拍无人机上的 9 枚嵌入式计算机，其平均运算能力要远高于早期的苹果个人台式计算机，从而大大降低了飞行器的控制难度，既可以兼顾飞行，还能够完成空中拍摄，同时还有微计算机监管电池安全。这些极大的进步，已经大大拓展了民用无人机的市场，实现了增量创新。

1.4 成为卓越的机电一体化工程师要掌握哪些技能

和别人打交道，就要学会语言表达，和外国人打交道，就要学会外语。同样的，当我们的研究对象是机电系统时，我们就需要学习“机”的语言和“电”的语言，这些专门的语言，是不会发出声音的，甚至看不到它们的存在，但是在每一个机电系统里却真实存在，并且时时刻刻发挥作用。比如机械系统尺寸精度的传递、强度的传递、运动的传递、能量的传递，都可以在机械原理、机械设计、材料力学和理论力学等课程里找到答案；又如控制系统里精度的传递、检测信息的传递、动态响应特性的传递等，又可以在数字电路、微机原理、检测技术、自动控制和机电控制工程等课程里找到答案。

初学者往往不能从实际出发，从机电产品的各项指标来推导其采用的方案和关键指标实现过程，从而也就无法带着问题开展课堂理论学习。机电一体化产品本是非常有趣动感的产品，如果不掌握理论联系实际、实际工程项目反过来考问课本知识的学习方法，就容易失去学习兴趣和动力。这里给本书的读者提一些实用的建议：

1.4.1　扎实掌握一些机械装置的设计方法

作为一名优秀的机电工程师，首先要知道机械工程是站在前人肩膀上缓慢前进的一门学科，每一次原理或者结构上的重大创新、发明，都会带来翻天覆地的变化和商机。对于初学者来说，最好的方法就是针对具体的案例进行横向类比，引发思考、调研，从而迅速地扩充自己的认知。简单来讲，机械结构里优秀的设计太多了，只有比较再比较，才会发现其中的奥妙，才会联系课本知识，提高自己的理论运用水平。

比如，高速列车的电力牵引系统和数控机床的一个数控轴，同样都是一维的伺服控制系统，他们的机械结构有何异同呢？表 1-1 列出了比较学习的要点。

表 1-1　机电系统的比较学习

机电系统名称	关键特色指标	主要机械结构	主要指标的检测传感器	定位精度要求	承载能力	共同点
高速列车的电力牵引系统	大功率点位控制（加速和制动）	轮轨机构	霍尔位置传感器、车轮速度传感器	0.1 m 量级	几十到几百 t	牛顿第二定律，刚体动力学
数控机床的一个数控轴	低速高精度的速度和位置控制（插补运动）	丝杠导轨机构	光电码盘、光栅尺、霍尔位置传感器	1 μm 量级	几十到几百 kg	

1.4.2　熟练掌握一门和硬件打交道的语言

我们要知道，机器是不长嘴巴的，绝对不是靠声音来传递情报和下达命令。为此，人类发明了二进制，从而可以用晶体管的“0”和“1”两个状态来表达信息，进而就有了数字电路里的十六进制和“字节”的概念。尽管现在有了 32 位、64 位的计算机，但是我们在用数字表达整个世界的时候，仍然是以 8 位二进制数组成的字节为基础。为了基于字节来表达世界，来沟通机器和人类，就有了很多的翻译。例如，计算机和英文之间的编码叫作 ASC II 编码，大写字母“A”的编码是十进制的 65；而古老的汉字要走进计算机里，就有了 GB2312—1980 字符集，即国家标准字符集，这个编码收入汉字 6763 个，符号 682 个，总计 7445 个字符，这是中国大陆普遍使用的简体字字符集，楷体_GB2312、仿宋_GB2312、华文行楷等市面上绝大多数字体支持显示这个字符集，它也是大多数输入法所采用的字符集。

机器能听懂的话太少了，所以我们必须把复杂的事情分解为很简单的程序，这样就有了编程的语言，从最早的晦涩的汇编语言，到现在个人计算机和嵌入式计算机普遍流行的 C 语言，再到图形化的高级语言，这些都是人类自然语言和计算机之间的翻译。

一个优秀的机电工程师，必须理解从人类自然语言到字符再到二进制信号的传递过程，以及最后在不同的总线之间转换，向下一个机器传递的过程。

1.4.3 保持对新器件新技术的好奇心

一个好的时装设计师会把新的布料和最新的时尚元素、文化创意加入他的作品当中。同理，一个“时髦”的机电工程师，或者所谓“创客”，他们总是在最新的芯片、传感器，新的算法或者高性能的机械零部件上寻找商业机会。谁最先发现并且验证了“时髦”的组合，谁就有可能取得成功。著名的特斯拉电动汽车就是一个很好的例子，特斯拉汽车的成功，并不是汽车业的成功，从技术上来看，它是笔记本计算机电池的成功。

1996 年末，通用汽车研发出 EV1，并作为第一款量产电动汽车投放市场，这款车其貌不扬，续航里程 140 km，由于投入与产出比不高，在生产了 2000 多辆之后，通用汽车于 2002 年宣布放弃，此事让通用汽车背上了骂名。事后，参与 EV1 项目的工程师艾尔·科科尼（Al Cocconi），在加州创建了一家电动汽车公司 AC Propulsion，并生产出仅供一人使用的铅酸电池车 T-Zero。

AC Propulsion 公司的经营陷入困境时，一名来自硅谷的叫作马丁·艾伯哈德（Martin Eberhard）的工程师为之投资了 15 万美元。作为交换，他希望科科尼尝试用数千块笔记本计算机的锂电池作为 T-Zero 的动力。换用锂电池后，T-Zero 行驶里程超过了 480 km。马丁·艾伯哈德在寻找创业投资时发现，美国很多停放超级跑车的私家车道上经常还会出现些丰田混合动力汽车普锐斯（Toyota Prius）的身影。他认为，这些人不是为了省油才买普锐斯，普锐斯只是这群人表达对环境问题不满的方式。于是，他有了将跑车和新能源结合的想法，而客户群就是这群有环保意识的高收入人士和社会名流。

2003 年 7 月 1 日，马丁·艾伯哈德在美国加州的硅谷成立了特斯拉汽车公司，并得到了大富豪埃隆·马斯克的投资，很快成功研发出行驶里程达到 480 km 的 T-Zero 原型车。特斯拉电动车引以为傲的续航能力，来自由 7000 多颗电池组成的电池包，即使短路也不会着火，个别电池损坏不会影响其他。

在这样一个成功的创业故事里，我们可以看到马丁·艾伯哈德对新器件的敏感性和对汽车行业本质的认识，这才是他战胜通用、丰田，取得电动车成功的原因。首先，他认识到电动机的爆发力和功率密度大于内燃机，更适合作为跑车的动力，同时跑车较高的价格定位足以抵消电池带来的成本增加；其次，他认识到笔记本电池具有最大化的重量比能量，而分布式电池管理是一个需要尝试但是风险不大的技术。有了技术和产品定位上契合的方案，马丁·艾伯哈德第一个让纯电动汽车得到了世界人民的认可。

第2章 结构件

结构件是构型的基础，“卓越之星”结构件按照常用结构或机构的特征要求进行设计，形态丰富。结构件之间，主要采用通用 M3 螺纹或花键连接方式连接，可以任意拼装。各种结构件的材料是根据它的功能特点及工艺要求进行选择的，包含铝合金（7075/6061/5052/2A12）、碳钢、丙烯腈-丁二烯苯乙烯共聚物（ABS）、聚甲基丙烯酸甲酯（PMMA）、聚四氟乙烯等。结构件在形态上包含钣金、型材、杆、管等多种工程常用材料形式，在功能上包含连杆传动、带传动、螺杆传动、齿轮齿条、凸轮、流体泵阀等机构所需基础零部件。在设计开发中，可根据所需，选择合适的结构件，完成样机的搭建。

这些结构件可以组合成为一些通用的机构组件，在实际操作过程中，往往是利用通用机构组件和其他“卓越之星”结构件（或自制结构件）结合使用。在设计结构之前，全面熟悉这些结构件的分类和特征是非常必要的。

2.1 结构件分类

“卓越之星”结构件分成 4 大类，分别是基础件、连接件、传动件、辅助件。每种类别的结构件具有相同的功能特征，在构型的结构设计及搭建中，根据分类能快速定位要选用的零件，提高设计效率。分类说明如下。

- 基础件：结构搭建的基本元素。板框通常用于搭建机构的机架或结构轮廓。条型、角型、梁、杆、管通常作为运动机构的支架使用。部分零件如图 2-1 所示。

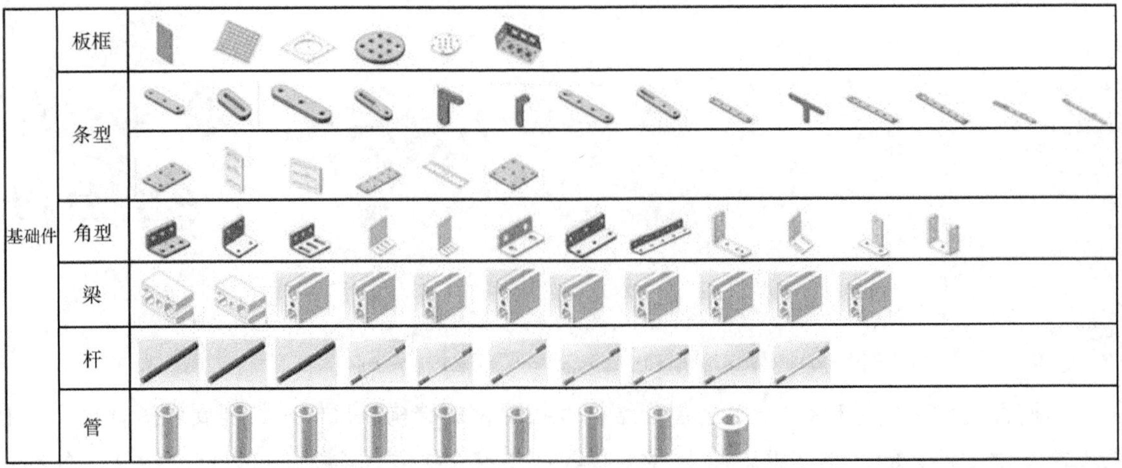

图 2-1　基础件

- 连接件：实现结构件之间组合连接的零件。对于使用花键连接的情况，可以通过“连接销”和“连接销帽”及 M3 螺钉的配合使用，形成稳定的连接。对于直接使用 3 mm 孔的螺纹连接，可利用套件提供的“螺孔板”。部分零件如图 2-2 所示。

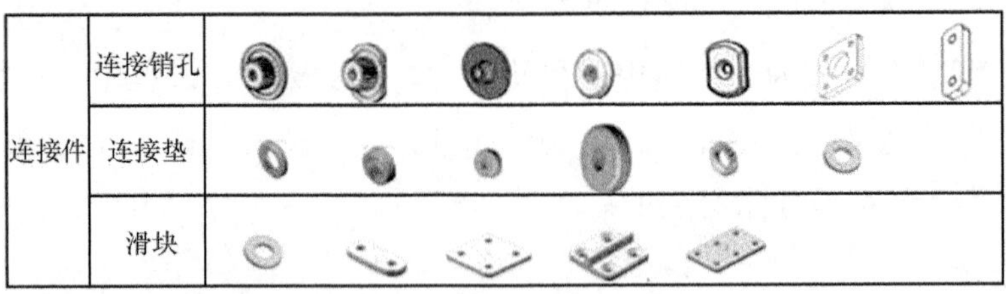

图 2-2　连接件

- 传动件：实现机械传动、拖动功能的零件。包含了齿轮传动、圆带传动、卷扬机构所必需的零件。通过这些零件，可以搭建齿轮齿条、圆带传动等基础单元组件。部分零件如图 2-3 所示。

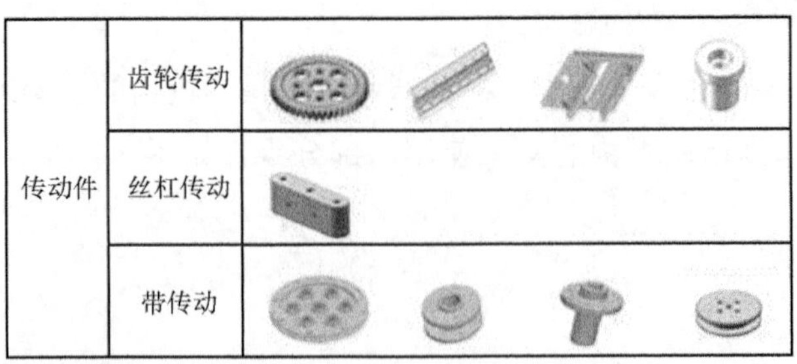

图 2-3　传动件

- 辅件：为辅助实现某一种特殊组件功能而提供的零件。包含了流体设备辅件、舵机辅件等。部分零件如图 2-4 所示。

辅件	流体	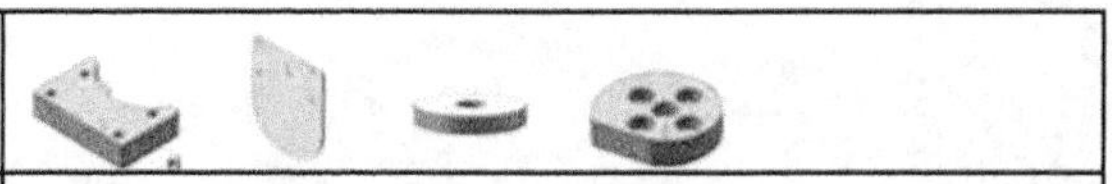
	舵机	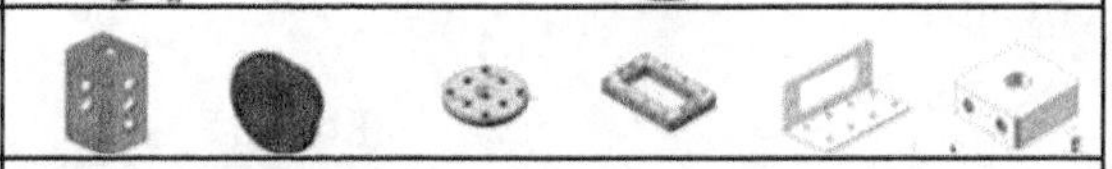
	轮毂	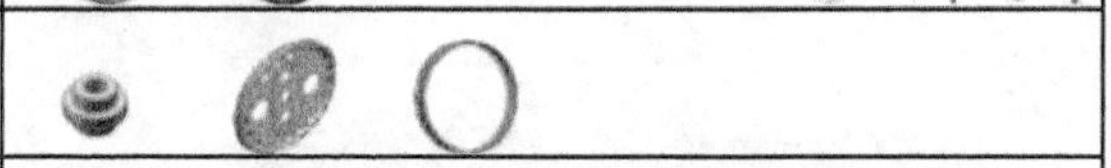
	专用固定	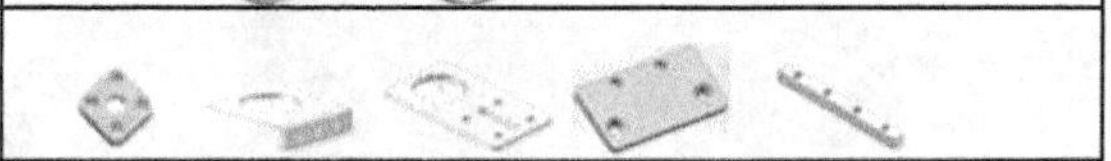
	工件	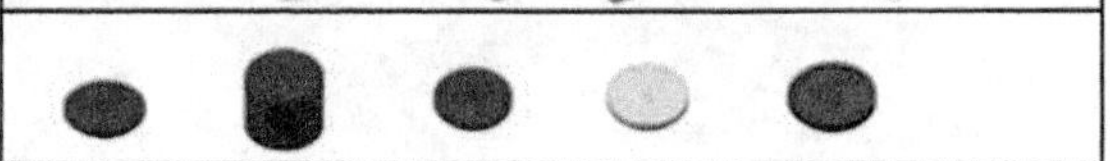

图 2-4　辅件

2.2　连接方式及组件形态

结构件之间有类似的连接方式。我们可以根据连接方式的特点合理设计结构。

M3 螺纹连接（图 2-5）是工业常用连接方式，结构件之间使用螺纹连接能方便地实现零件紧固、铰链结构搭建、连杆结构搭建等。

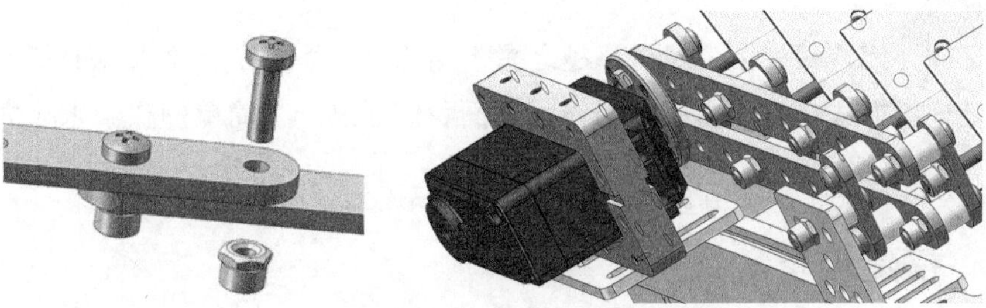

图 2-5　M3 螺纹连接

花键包含了 20 个齿，齿间夹角 18°，结构件的相对位置夹角度数也应该是 18°的整数倍。图 2-6 展示了花键连接的特点。

利用结构件可搭建具有不同功能的组件模块，这些组件往往与驱动装置连接在一起，而形成能控制的运动单元，部分功能组件如图 2-7 所示。

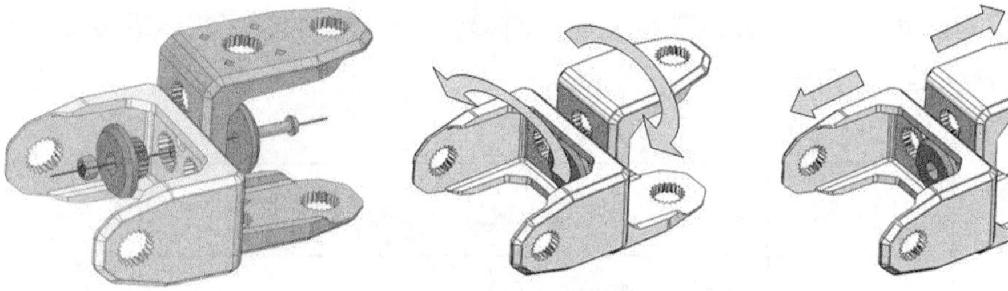

图 2-6　花键连接

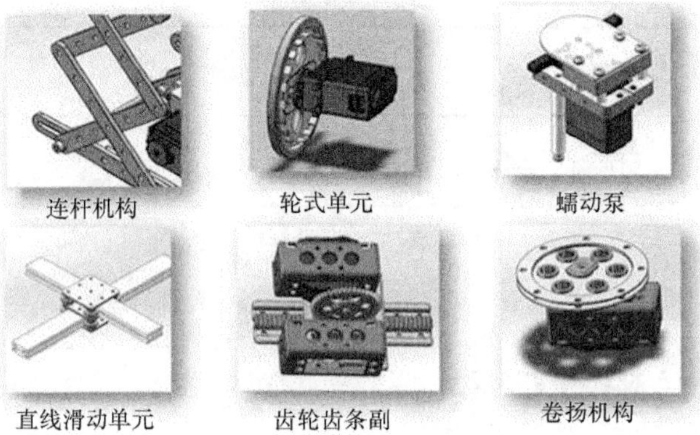

图 2-7　部分功能组件

2.3　结构搭建

通过上文的介绍，相信读者对“卓越之星”结构件体系有了一个大概的了解，对每种结构件的用处及连接方式也有了自己的思路，下面我们通过一个简单的实验来让大家体验一下“卓越之星”的结构搭建。

2.3.1　搭建准备

本次我们将指导读者完成一个载物平台的搭建，读者首先按照表 2-1 的内容准备好相应的零部件，以及配套的十字螺丝刀、扳手等必要工具。完成后按照 2.3.3 节的内容逐步进行载物平台的搭建。

载物平台是卓越之星构型中最基础的一种结构，它可以给工件提供一个摆放的平台，并可与其他结构相配合，来模拟加工平台、物流中转站或仓库等场景。

2.3.2 准备零件

2.1 节介绍了“卓越之星”结构件的分类规则，实际上，在“卓越之星”产品中，每种结构件都在显著位置标明了它的名称，读者可根据 2.1 节中的分类对应图找到每种类别中的各种结构件，并知道它们的名称，表 2-1 所示为本实验所需要的结构件及连接件。

表 2-1 实验所需结构件及标准件

BOM ID	名　称	描　述	数　量
1	1 型六角螺母 M3	连接紧固作用，标准件	8
2	DB120	平台的主要工作面	1
3	KJ	平台的基座，可连接基础平台	1
4	P6	平台的骨架，起连接支撑作用	4
5	TG3-6	支撑作用，可调整平台高度	8
6	十字槽盘头螺钉 M3×14	连接紧固作用，标准件	4
7	十字槽盘头螺钉 M3×25	连接紧固作用，标准件	4

2.3.3 动手搭建一个载物平台

按照图 2-8 至 2-11 的提示搭建载物平台，注意：在搭建过程中注意观察组装顺序，如顺序错误，可能会造成有些部件安装位置被覆盖，需要拆卸重新安装。

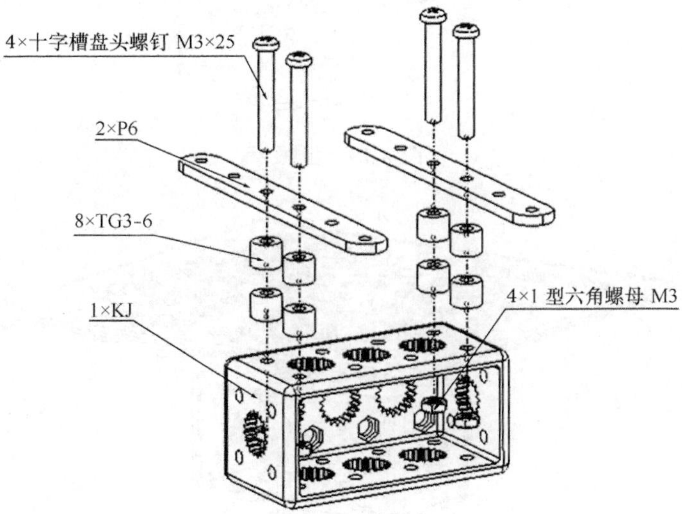

图 2-8 步骤 1

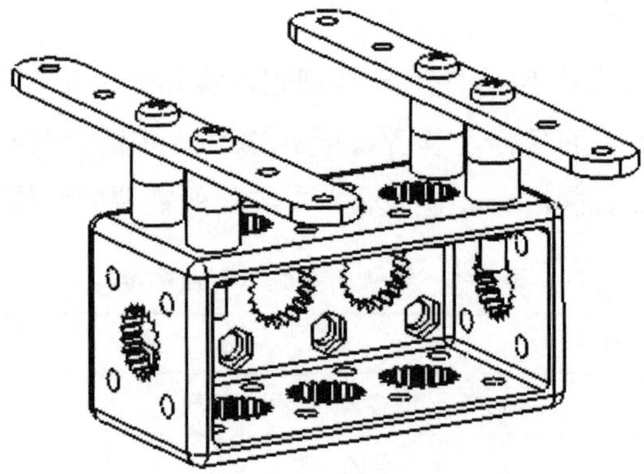

图 2-9　步骤 1 完成图

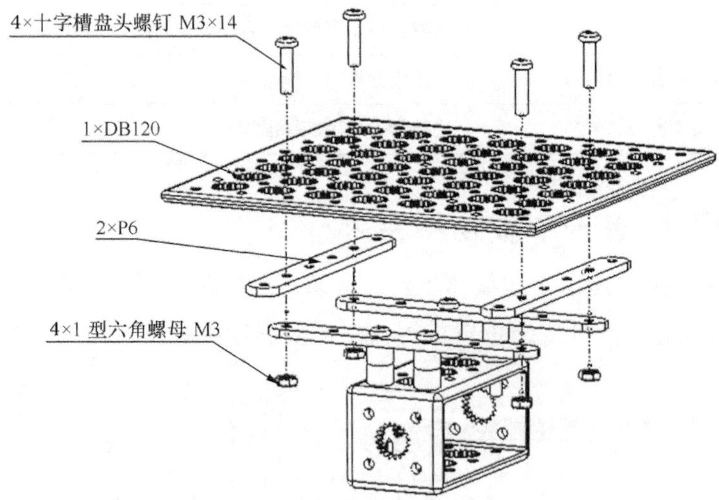

图 2-10　步骤 2

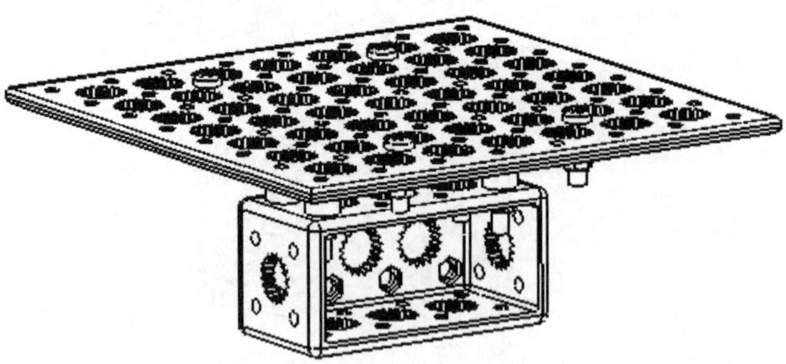

图 2-11　步骤 2 完成图

本书的配套资源中有《FollowMeGo》搭建手册及搭建动画，包含了 50 余种典型构型的搭建指导，及 10 套构型的完整搭建过程，包括搭建所需的零件清单、搭建过程等，以及相关配套说明、图纸、接线图。通过搭建手册中的构型练习，用户可以快速熟悉“卓越之星”结构件，并完成相应构型的搭建。

2.4 小结

通过本章的学习我们熟悉了卓越之星的结构件，了解了其基本作用、基本的连接方式及组件形态，并动手完成了载物平台的搭建过程。读者通过本章学习，结合《FollowMeGo》中的构型搭建练习，可完全掌握“卓越之星”套件的机械结构组成，为后面学习各构型的控制打下良好基础。

第 3 章 控制器

“卓越之星”包含了 3 种控制器和 1 种 PC 端接口调试装置，用户可根据控制构型的复杂程度，选择不同的控制器。控制器和 PC 端接口调试装置如图 3-1 所示。

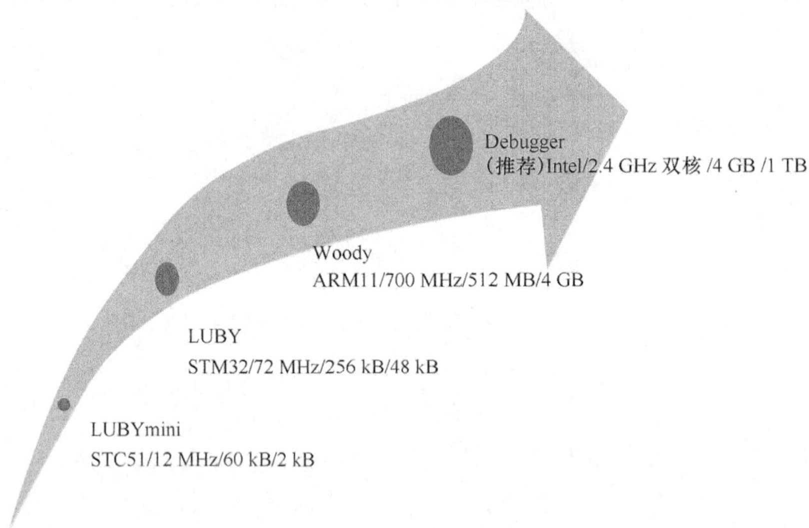

图 3-1　控制器

各控制器及 PC 端接口装置功能简介如下。

- Debugger：多功能调试器，其功能有单片机串口调试、控制器程序下载、PC 与控制器串口通信、执行器数字舵机 CDS5516 调试设置等。
- Woody：多媒体控制器，采用 ARM11 核心，主频 700 MHz，搭载了嵌入式 Linux 操作系统，具有图像识别、图像捕捉、语音识别、语音交互等高级处理功能，并搭载了蓝牙模块，可添加 WiFi 通信功能。
- LUBY：“卓越之星”的主控制器，采用 STM32 控制核心，具有多路传感器采集及执行器控制接口，并搭载蓝牙、ZigBee 无线模块，同时支持 Crater 图形化编程环境。

- LUBYmini：迷你控制器，采用 STC51 控制核心，具有四路传感器采集接口及 ZigBee 无线模块，功耗较低，可作为无线传感器节点使用，同时在简单构型中，可作为主控制器使用。

3.1 多功能调试器

多功能调试器（Debugger）集成了 USB 转 RS-232 串行通信，机器人数字舵机（Robot Servo）调试、控制器 ISP 下载 3 种功能，体积小巧，功能集成度高，是一种方便可靠的多功能调试设备，在“卓越之星”中，多功能调试器可用来与 LUBY 控制器实时通信，为 LUBYmini 控制器下载单片机程序，对执行器 CDS5516 数字舵机进行调试。

3.1.1 基本结构

多功能调试器（见图 3-2）具有下载指示灯、通信指示灯和工作模式指示灯，以及模式选择和 4 个接口。3 个指示灯、USB 接口和模式选择位于设备的左侧，机器人舵机接口、舵机电源接口和 RS-232 及 ISP 接口位于设备的右侧。

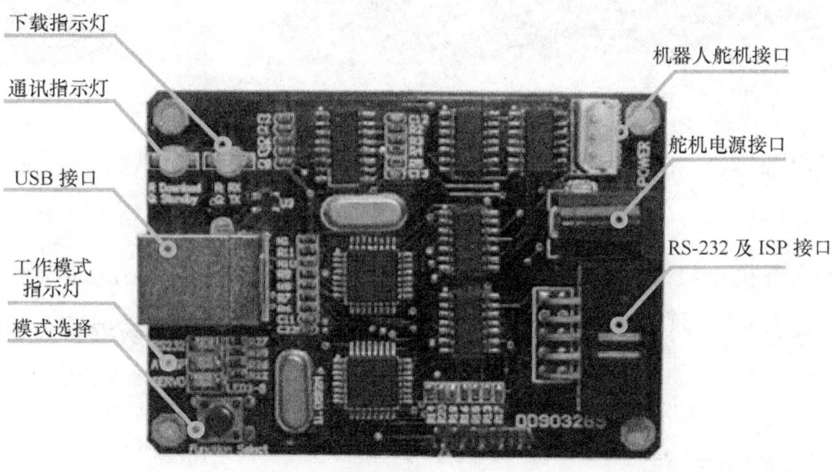

图 3-2 多功能调试器接口示意图

多功能调试器上的每一个构件都有它独特的特性及功能，并且在各自的场景中扮演着极其重要的角色。关于多功能调试器的具体结构和功能定义如下所示。

- USB 接口：USB B 口，通过 USBA 口转 B 口转接线连接到 PC 机的 USB 口，通过 USB 接口实现 PC 端与多功能调试器通信、下载、调试。

- 模式选择：用于切换多功能调试器的 3 种工作模式（RS-232 模式、AVR ISP 模式和 Servo 模式），多功能调试器工作在其中任一模式时，对应的工作模式指示灯亮起。

- RS-232 及 ISP 接口：用于程序下载及串口调试，在多功能调试器的背面标有该接口的线序，如图 3-3 所示。

与图 3-3 中方框中的接口搭配使用的五针接口线线序（ISP 下载线）如图 3-4 所示。

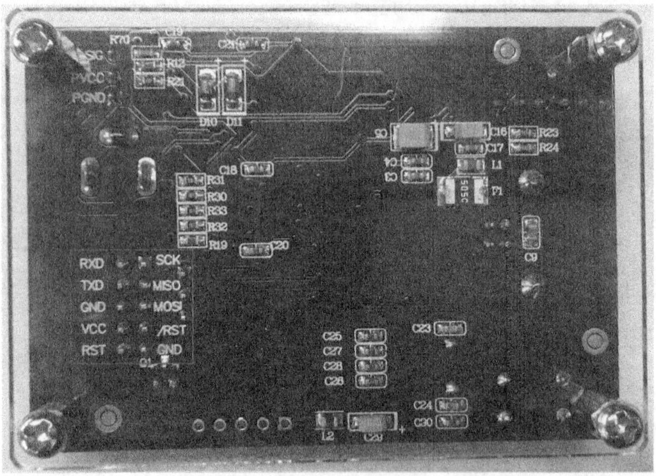

图 3-3　RS-232 及 ISP 接口线序

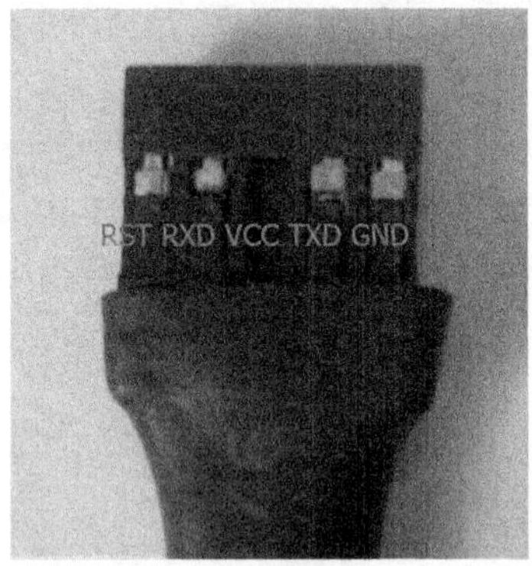

图 3-4　ISP 下载线线序

- 舵机电源接口：在使用调试器上的机器人舵机接口进行舵机调试时，此接口连接 12V 电源，为舵机供电。

- 机器人舵机接口：用于调试和设置舵机（配合 RobotServoTerminal 软件）。

- 通讯指示灯：当串口有数据传输时，通讯指示灯闪烁（发送数据时为红色，接收数据时为绿色）。

3.1.2　驱动安装

在使用之前，需要为多功能调试器安装驱动，驱动安装步骤如下所示。

（1）从本书配套资源中找到驱动文件夹。

（2）将调试器接入计算机的 USB 接口。如果这台计算机没有用过这款调试器，会弹出安装驱动的要求。通过指定路径，安装驱动。过程如下：选择“否、暂时不”，点“下一步”，选择“从列表或指定位置安装（高级）”，单击“下一步”，点“浏览”找到上一步的驱动程序文件夹，单击“确定”开始安装驱动。

（3）驱动安装成功后会在设备管理器中出现这个调试器的端口号。设备管理器的路径是：“我的电脑”右键单击，选择“管理”→选择“设备管理器”→选择“端口（COM 和 LPT）”，即可看到端口号“USB Serial Port（COM1）”，如图 3-5 所示。

图 3-5　端口号显示

您可以从本书配套资源“……\卓越之星产品光盘\多功能调试器”找到《多功能调试器用户手册》。调试器使用之前需要安装驱动，使用过程需要注意选择模式，这些在用户手册里都有详细的说明，在卓越之星系列产品中，多功能调试器用于 LUBYmini 控制器的程序下载和串口调试，我们可以用它来进行程序下载、串口通信和 CDS5516 调试。

3.1.3　多功能调试器实验

1．实验目的

（1）了解多功能调试器的功能。

（2）熟悉多功能调试器与控制器之间的连接。

（3）掌握使用多功能调试器的 RS-232 接口进行 ISP 下载，了解多功能调试器用于串口调试时的使用方法。

2．实验器材

多功能调试器（含 USB AB 线和串口线）	1
LUBYmini（51 控制器）	1
PC 机	1

3．实验过程

（1）使用多功能调试器的 RS-232 接口进行 ISP 下载。

使用多功能调试器的 USB 转 RS-232 功能，可以方便地对 LUBYmini 控制器进行 ISP 下载，步骤如下所示。

步骤 1　使用 USB AB 线连接 PC 机和多功能调试器，并通过串口下载线连接多功能调试器和 LUBYmini 控制器（注意使串口线端子上的三角符号和控制器外壳上的三角符号对应，不要插反），如图 3-6 所示。

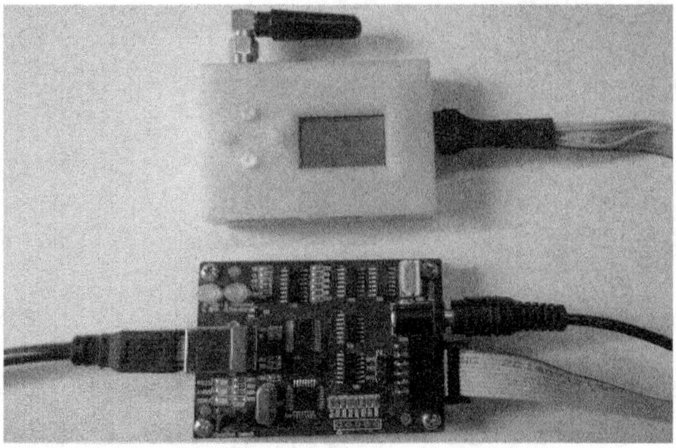

图 3-6　LUBYmini 与 Debugger 接线图

步骤 2　按“Function Select”（模式选择）按钮，让 RS-232 的指示灯亮起，表明调试器工作在 RS-232 模式。

步骤 3　打开 STC-ISP 软件，按照图 3-7 所示的方法设置各个选项。此时，可以看到软件已经自动识别了多功能调试器所在的串口，单击“打开程序文件”按钮，选择配套资源中提供的“demo.hex”文件，单击“打开”，如图 3-8 所示。

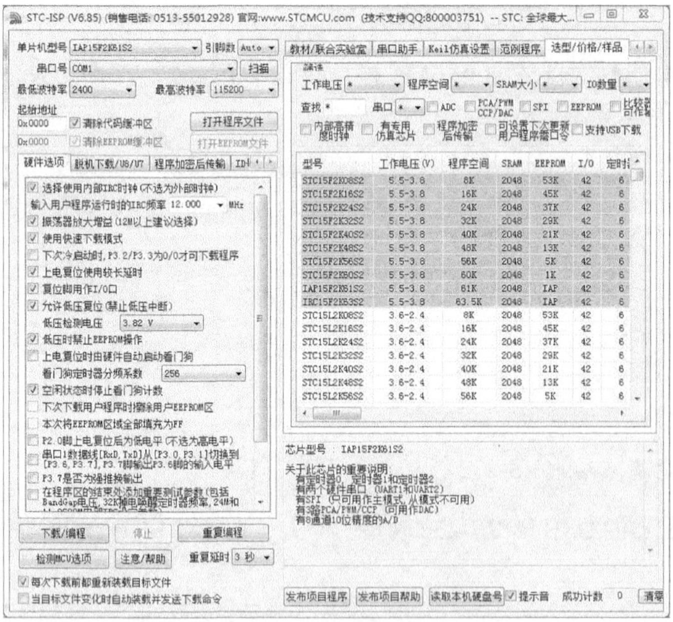

图 3-7　STC-ISP 软件设置

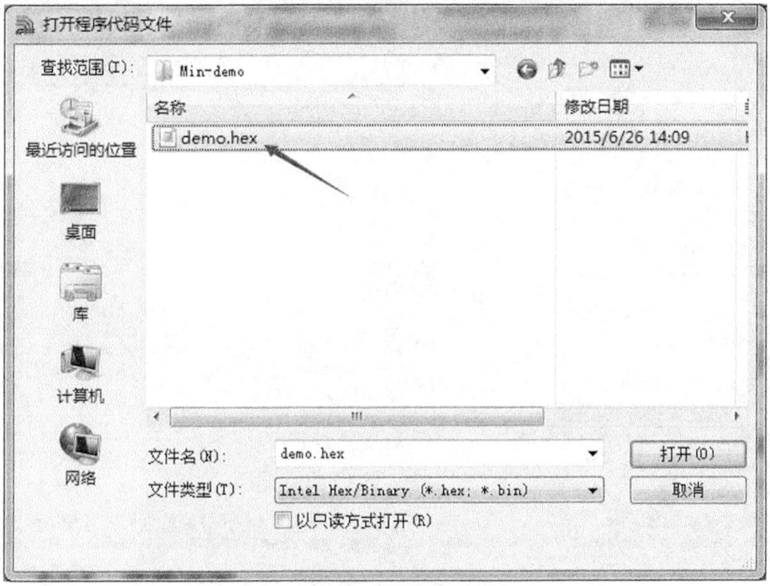

图 3-8　选择文件

步骤 4　确保 LUBYmini 控制器处于关机状态，单击“下载”按钮，然后打开 LUBYmini 控制器电源开关，程序开始下载，下载成功提示如图 3-9 所示。

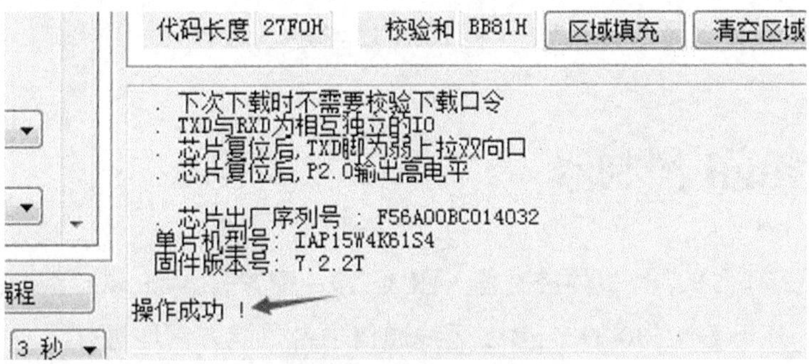

图 3-9　下载成功

（2）使用多功能调试器的串口通信功能。STC-ISP 软件提供了串口通信功能，可以通过多功能调试器，在 PC 和控制器之间传输数据，单击“串口助手”选项卡，按下图（图 3-10）所示设置串口助手参数，单击“打开串口”，demo.hex 程序每隔 1 s 向多功能调试器发送一个字符“A”，可以看到，串口助手成功接收了字符“A”。如图 3-10 所示。

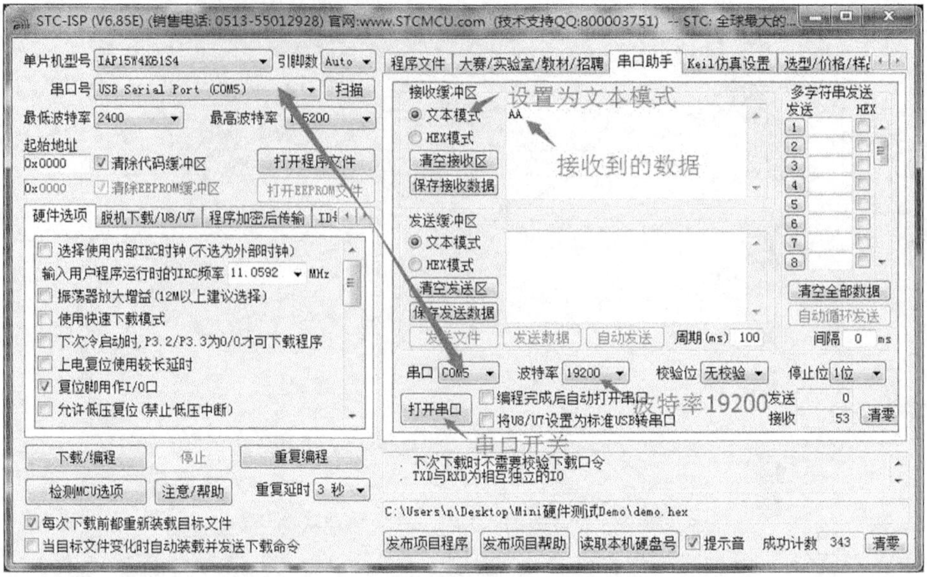

图 3-10　串口通信

4．实验结论

（1）多功能调试器具有 USB 转 RS-232 功能，可以使用此功能进行 ISP 下载（使用 STC-ISP 软件）。

（2）可以使用多功能调试器的 USB 转 RS-232 功能，进行控制器与 PC 机之间的通信。

3.2　LUBYmini 控制器

LUBYmini 是基于 51 单片机的控制器（图 3-11），配置有 4 路 AD 接口用于传感器的数据输入，系统内置了基于 CC2530 的 ZigBee 无线通信平台，能方便地进行组网。具体参数如下：

- 主控芯片 IAP15W4K61S4；
- RS-232 串行接口 1 个；
- 机器人数字舵机接口（支持级联），并完全兼容 Robotis Dynamixel AX12+；
- 4 路 10 位精度 ADC 输入端口（0～5 V），GND/+5 V/SIG 三线制；
- 4 个用户输入按键；
- 具备 ZigBee 通信功能，波特率 19 200 Bd，支持使用串口命令对其操作。

图 3-11 LUBYmini 实物图

3.2.1 电气接口

LUBYmini 电器接口包含了 4 路 10 位精度的 ADC 输入端口、一个程序下载端口、一个充电口及电源开关、两个舵机接口，其原理图见图 3-12。

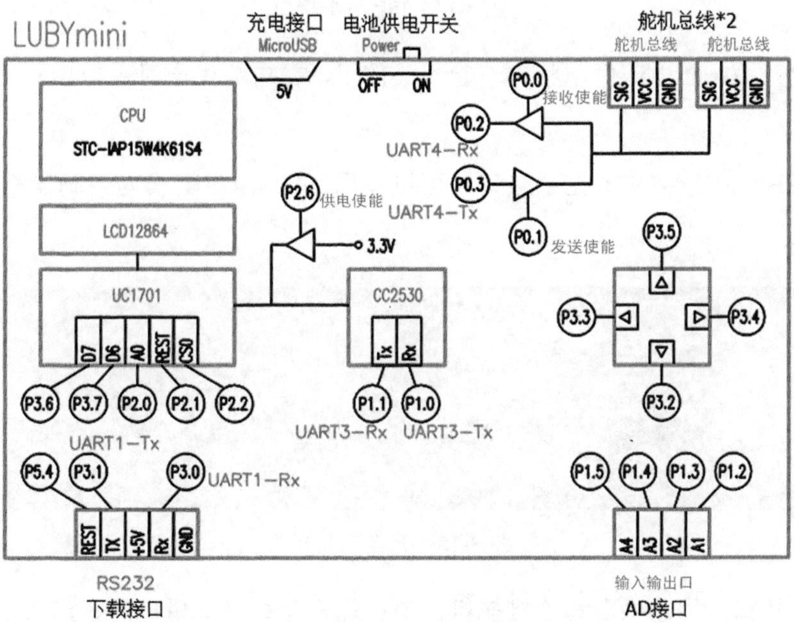

图 3-12 LUBYmini 电气接口

ADC 输入端口：A1～A4，供电电压 5 V，可连接传感器采集数据到 LUBYmini 控制器，接口定义如图 3-13 所示。

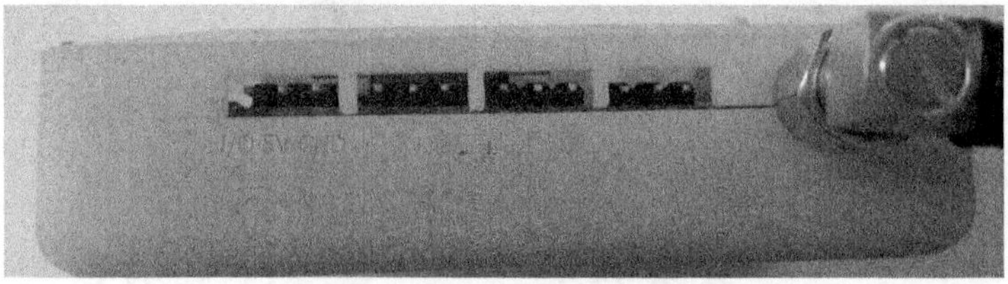

图 3-13　ADC 接口图

下载接口：5 针串口，可以配合多功能调试器进行程序下载和串行通讯，如图 3-14 所示。

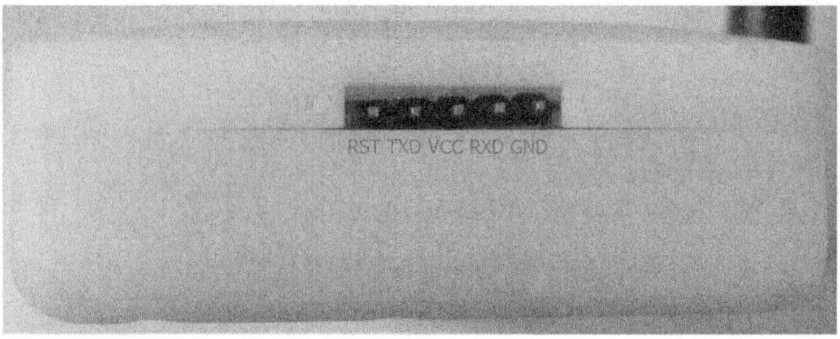

图 3-14　ISP 下载接口

电池供电开关：在电池供电状态下起开关作用，在电池供电时，LUBYmini 控制器不能用于驱动舵机。

Micro-USB：Micro-USB 充电接口，可以使用 Micro-USB 线为控制器充电。如图 3-15 所示。

图 3-15　充电口及开关

舵机总线接口：用于供电和连接舵机，使用舵机总线接口供电时，LUBYmini 控制器可以驱动舵机。接口如图 3-16 所示。

图 3-16 舵机接口

3.2.2 供电

LUBYmini 控制器提供 3 种供电方式，分别是舵机总线接口供电、内部电源供电和充电模式。这几种供电模式都具备不同的特性，同时也适应不同的工作场景。以下简单介绍这几种供电模式。

（1）舵机总线接口供电可以通过舵机线连接 LUBY 电池或多功能调试器为控制器供电，在此方式下，舵机控制功能可用，舵机总线不能为内置锂电池充电。

（2）内部电源供电是将电池开关拨至“ON”位置，电池为控制器供电。在此方式下，舵机控制功能不可用。

（3）充电模式是将电池开关拨至“OFF”位置，连接 5 V 电源适配器至控制器上的 USB 接口，绿灯亮，表示正在为内置电池充电。此时控制器处于关闭状态，如果需要使用控制器，可以使用舵机线为控制器供电（方式 1）。

3.2.3 指示灯

LUBYmini 控制器包含 3 种状态的 LED 灯，每种状态都代表不同的含义，关于 3 种 LED 灯的介绍，如下所示。

1．充电状态指示灯（绿色）

充电状态下，充电状态指示灯亮起，充电状态指示灯熄灭，表示充电完成。

2．电源灯（红色）

当供电正常时，电源灯亮起，如电源灯熄灭，需检查电池电量是否耗尽。

3．ZigBee 状态灯（红色）

上电后，ZigBee 状态指示灯长亮，ZigBee 状态指示灯闪烁，表示当前有数据传送（接收或发送）。

3.2.4　LUBYmini 控制器实验

1．实验目的

（1）了解 LUBYmini 控制器（51 内核）的功能，掌握控制器的基本使用方法。

（2）学会在 Keil 编程环境下编辑并编译 LUBYmini 控制器程序（C 语言），并产生二进制文件（hex）供 ISP 下载。

（3）了解在控制器 LCD 屏幕上显示字符的方法。

2．实验器材

多功能调试器（含 USB AB 线和串口下载线）	1
LUBYmini 控制器	1
PC 机（预先安装有 Keil C51 软件）	1

3．实验过程

步骤 1　打开样例程序“Mini 硬件测试 Demo”文件夹，双击打开“zigbee_test.uvproj”工程文件，Keil 软件界面如图 3-17 所示。

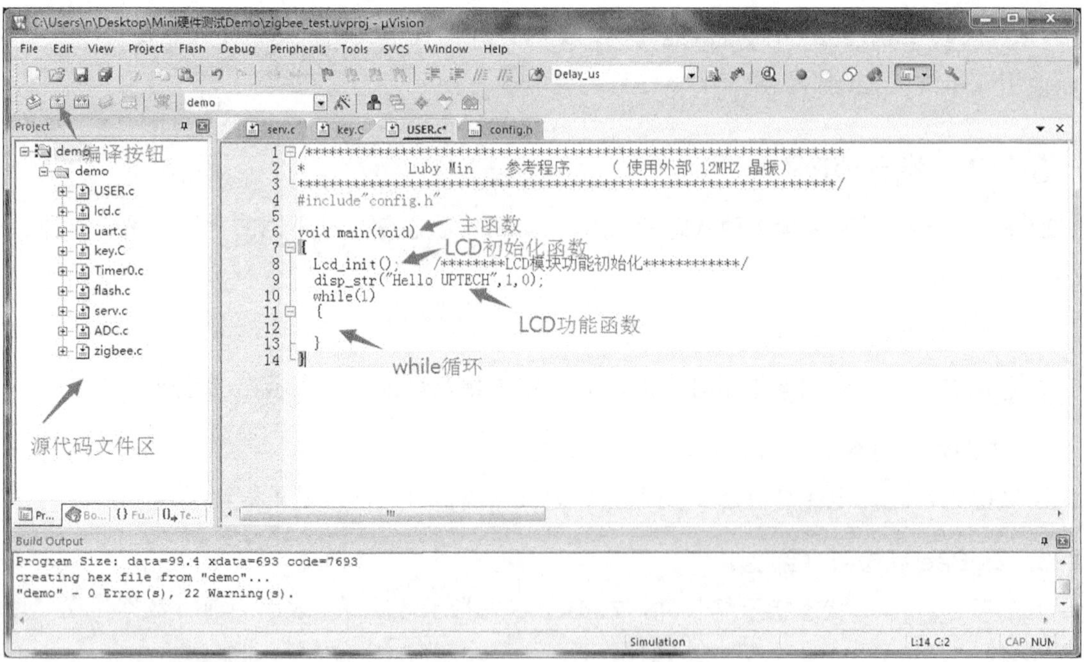

图 3-17　Keil 软件界面

步骤 2 可以看到，main()主函数定义在 USER.c 文件中，各语句含义如下。

- “#include"config.h"”，表示 USER.c 文件需要包含“#include"config.h"”头文件才能编译，config.h 文件包含了 LUBYmini 控制器所有的可用函数（包含初始化函数和功能函数）、声明和宏定义。

- “void main（void）”，定义了 main 函数，第一个 void 函数表示 main 函数无返回值，第二个 void 表示 main 函数无参数。main 函数是 C 程序执行的入口，在编写程序时，最常见的执行顺序为 main 函数→初始化函数（只执行一次）→while 循环（循环调用功能函数完成目的）。

- “Lcd_init();”，典型的初始化函数，用于初始化 LCD 显示功能，在使用控制器的某项功能（功能函数）前，需要先调用相应的初始化函数配置控制器的硬件接口（只需配置一次）。

- “disp_str（"Hello UPTECH",1,0）;”，典型的功能函数，用于在 LCD 屏幕上显示字符，该语句执行后，LCD 第一列（第二个参数）第 0 行（第三个参数），显示“Hello UPTECH!”字样（第一个参数）。

步骤 3 单击编译（Build）按钮，其作用是检查源代码中的错误，最终编译、链接成可以在控制器上运行的二进制文件（hex）。程序开始编译，编译状态区显示当前编译状态，编译完成后，编译状态区显示编译无错误，如图 3-18 所示。如果编译发生错误，则无法产生 hex 文件，需要查找错误原因并修改。

```
Build Output
Program Size: data=103.5 xdata=741 code=10595
creating hex file from "demo"...
"demo" - 0 Error(s), 16 Warning(s).
```

图 3-18 编译完成

步骤 4 可以看到，编译过程中没有发现错误[0 Error（s）]，并且生成了二进制文件（creating hex file from "demo"...）。

步骤 5 使用多功能调试器连接 PC 机和 LUBYmini 控制器，将编译生成的 hex 文件下载到 LUBYmini 控制器（下载方法参考多功能调试器实验）。

步骤 6 重新启动控制器。

步骤 7 可以在屏幕上看到第一行显示“Hello UPTECH!”字样。

4．实验结论

（1）在 Keil 软件环境下，可以对 C 语言源代码进行编辑、编译、链接，最终生成可以在 LUBYmini 控制器上运行的二进制 hex 文件。

（2）main 函数是程序执行的起点，进入 main 函数后，应先调用初始化函数完成所需功能的初始化，然后按照编程目标调用各种功能函数。

（3）Lcd_init()函数用于初始化 LCD 显示功能。

（4）disp_str()函数用于在屏幕上显示字符，第一个参数为要显示的字符串，第二个参数为首个字符显示位置的列数（0～15），第三个参数为首个字符显示位置的行数（0～3）。

3.3　LUBY 控制器

LUBY 控制器（见图 3-19）是基于 STM32 单片机的控制器，配置有 16 路 AD 接口用于传感器的数据输入，6 路输出接口用于驱动 LED、蜂鸣器、模拟舵机等外设。系统内置了蓝牙模块和基于 CC2530 的 ZigBee 无线通信平台，能方便地进行组网。具体参数如下：

- STM32F103VCT6@72 MHz；
- 外置 RS-232 串行接口两个；
- 用户程序 U 盘模式、直接下载两种下载模式；
- 机器人数字舵机接口（支持级联），并完全兼容 Robotis Dynamixel AX12+；
- 6 路通用 TTL 电平 IO 输出端口，GND/+6 V/SIG 三线制；
- R/C 通用模拟舵机接口；
- 16 路 12 位精度 ADC 复用的 TTL 电平输入端口（0～5 V），GND/+5 V/SIG 三线制；
- 4 个用户可配置的输入按键；
- 12 路复用的用户可配置的外部中断输入，其中包括 4 路按键输入；
- 具备蓝牙收发功能，波特率 115 200 Bd，支持用户自定义数据接收中断；
- 具备 ZigBee 通信功能，波特率 19 200 Bd，支持使用串口命令对其操作；
- 4 个 32 位用户可支配的计时器，最小计时单位 1 μs，支持用户自定义计时器中断。

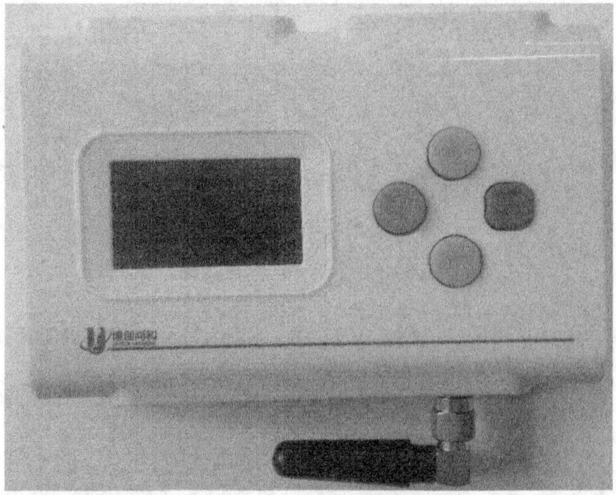

图 3-19 LUBY 控制器

3.3.1 电气接口

LUBY 控制器的硬件可提供多种功能，按照不同的接口将各类功能介绍如下。

（1）两个舵机接口（见图 3-20）：用于供电和连接舵机总线。

图 3-20 舵机接口

（2）A0～A15（见图 3-21）：模拟量输入接口，供电电压 5 V，用于连接传感器（仅用作输入）。

图 3-21 A0～A15 模拟量输入接口

图 3-21　A0～A15 模拟量输入接口（续）

（3）Q0～Q5（见图 3-22）：数字量输出接口，供电电压 6 V，用于连接执行器（可以驱动模拟舵机）。

图 3-22　Q0～Q5 数字量输出接口

RS232、UPLOAD（见图 3-23）：五针杜邦线接口，用于 LUBY 与其他控制器及 PC 串口通信。

图 3-23　RS232、UPLOAD 通信接口

MINIUSB（见图 3-24）：U 盘模式下载接口。

图 3-24 MINIUSB 接口

ZigBee 通信指示灯（见图 3-25），分为发送和接收两个指示灯。

图 3-25 ZigBee 指示灯

3.3.2 LUBY 控制器实验

1. 实验目的

（1）了解 LUBY 控制器（STM32 主控）的功能，掌握控制器的基本使用方法。

（2）学会在 Keil 编程环境下编辑并编译 LUBY 控制器程序（C 语言），并产生二进制文件（hex）供 ISP 下载。

2. 实验器材

LUBY 控制器	1
Mini-USB 线	1
PC 机（预先装有 Keil ARM 版软件）	1
卓越之星电池	1
舵机线	1

3．实验过程

本实验涉及 LUBY 控制器的开发环境配置、程序编译、下载等内容，具体的实验步骤如下：

步骤 1　双击打开“STM32 程序\prj\UP_EX-Star Demo.uvproj”工程文件（注意要使用 ARM 版 Keil 打开，安装方法详见“USDG.chm”文档），打开后的界面如图 3-26 所示。

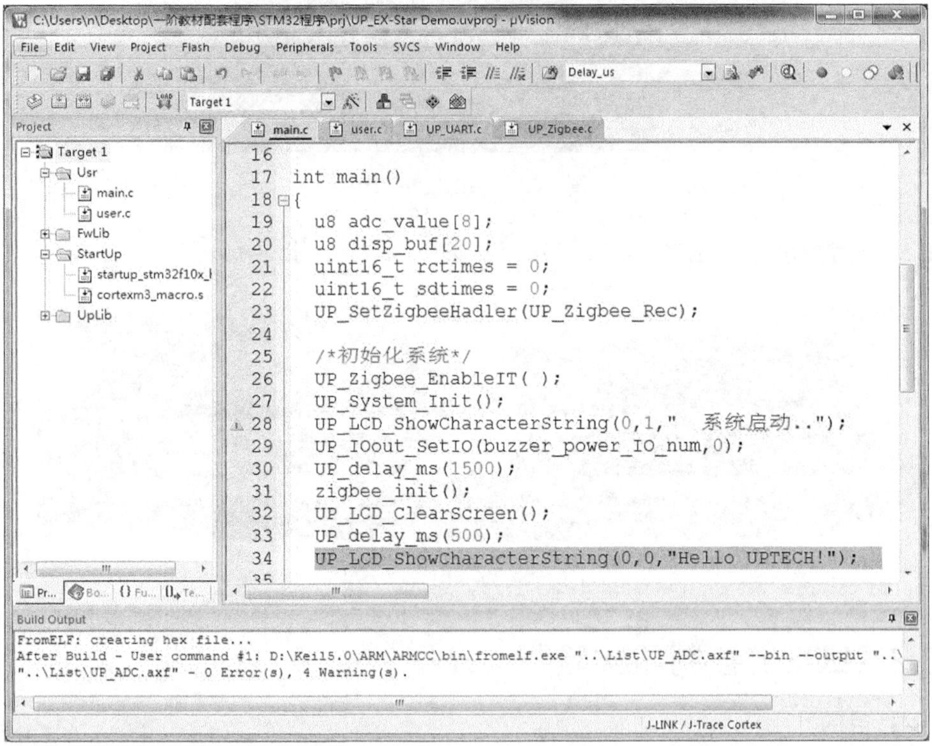

图 3-26　打开工程文件

步骤 2　程序第 34 行，“UP_LCD_ShowCharacterString（0,0,"Hello UPTECH!"）;”，可以在控制器第 0 行第 0 列显示“Hello UPTECH!”字样。

步骤 3　单击下载按钮，编译程序，界面下方显示编译状态，如图 3-27 所示。

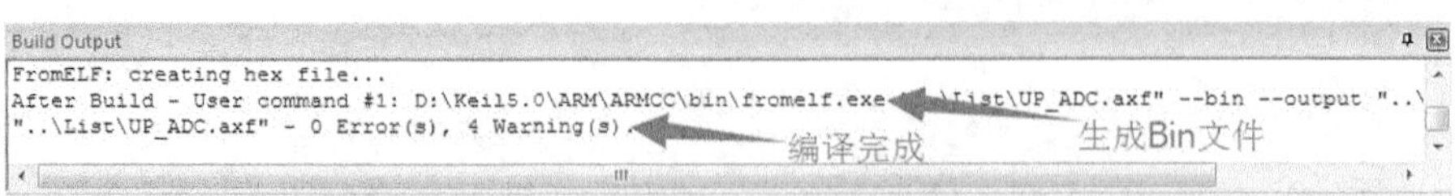

图 3-27　编译状态

步骤 4　打开“STM32 程序\List\”目录，可以看到产生了“UP_All.bin”文件，此文件可以下载至 LUBY 控制器。如图 3-28 所示。

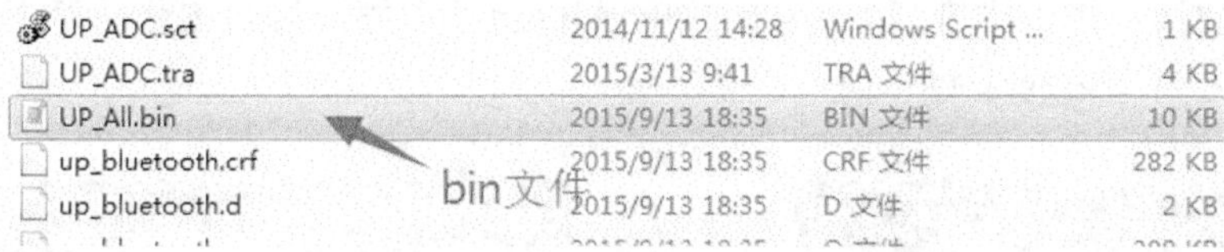

图 3-28　生成的“UP_All.bin”

步骤 5　使用卓越之星电池为控制器供电，连接如图 3-29 所示。

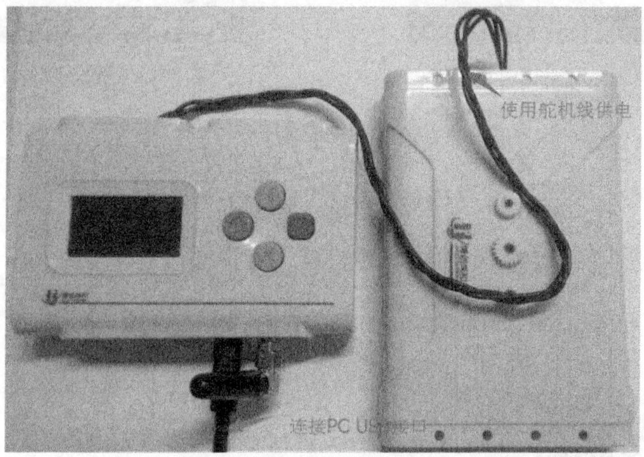

图 3-29　LUBY 控制器与电池连接图

步骤 6　按住控制器右键，打开电源，控制器启动，进入 Boot Loader，界面显示如图 3-30 所示。

步骤 7　再次按下控制器右键，控制器显示“USB Connected”字样，同时在 PC 机磁盘目录中出现“可移动磁盘”，如图 3-31 所示。

图 3-30　Boot Loader 界面

图 3-31　控制器及 PC 磁盘目录界面

步骤 8　将“UP_All.bin”文件拷贝到“可移动磁盘”。

步骤 9　按下控制器左键，LUBY 控制器屏幕显示刚刚存入控制器的“UP_All.bin”文件

（如果有多个文件，可以按上下键选择其中一个），控制器界面如图 3-32 所示。

步骤 10　再次按下控制器左键，运行“UP_All.bin”文件，屏幕显示“Hello UPTECH!”字样，如图 3-33 所示，也即实验完成。

图 3-32　控制器界面

图 3-33　控制器显示“Hello UPTECH!”

4．实验结论

（1）使用 Keil ARM 版软件可以编辑、编译 LUBY 控制器程序。

（2）可以通过文件拷贝的方式将编译出的程序下载到 LUBY 控制器。

（3）使用 UP_LCD_ShowCharacterString()函数可以在 LUBY 控制器上显示字符。

3.4　Woody 控制器

Woody 控制器是一款搭载了 Linux 操作系统的 ARM 处理器，可以通过 RS-232 串口通信协议与任何其他控制器连接，能与摄像头、送话器、扬声器等设备方便连接，利用配套 WoodySettings 配置软件能快速实现语音识别、语音播放、图像捕捉、颜色识别、条码识别等功能。WoodySettings 软件是一款为了 Woody 控制器而生的适用于主流 Windows 平台的调试设置软件。通过它你可以让 Woody 控制器发声，识声，看图辨色，识图。我想有了这些基本功能我们还可以把 Woody 和其他控制器配合实现更加复杂强大的功能。其具体参数如下：

- ARM11 核心，主频 700 MHz，内存 512 MB，Flash4 GB；
- 内置蓝牙模块；
- 4 个 USB 接口；
- 10/100 Mbit/s 以太网口（RJ45）；

- 3.5 mm 送话器、耳机插孔；
- 标准 5 针串口；
- 内置语音识别、语音播放、图像捕捉、颜色识别、条码识别等功能；
- PC 端标定软件（WoodySettings）；
- 标配 USB 彩色摄像头（分辨率 320×240）。

3.4.1 功能介绍

Woody 控制器作为多媒体控制器，其具有语音和图像两大功能，语音功能又包括语音识别和语音播放两种功能，图像功能包括图像捕捉、图像识别、条码识别 3 种功能。下面以 Woody 控制器与 WoodySettings 软件相结合来进行介绍几大功能。

1. 语音功能

语音功能分为语音识别模块和语音播放模块两部分，语音识别模块是通过在我们的控制器之上搭载了一款主流语音芯片实现，在 WoodySettings 软件中对应语音识别配置界面如图 3-34 所示。

图 3-34 WoodySettings 软件语音识别界面

通过对语音识别关键字列表的配置（如增、删、改、清空、排序），我们可以把我们想要识别的内容录入表中，待表中内容上传至 Woody 端后，再启动语音识别功能即可进行识别。语音识别的成功率依赖于我们现场的环境与送话器的灵敏度，在进行语音识别的过程中请保持周围环境相对安静，如果环境因素尚可，依然无法高效进行语音识别，请调节送话器的灵敏度，灵敏度调节界面如图 3-35 所示。

图 3-35　送话器灵敏度调节界面

送话器灵敏度默认为 88，可设置范围为 0～127。送话器灵敏度值越大则越灵敏，但是过度灵敏会造成语音失真，误识别率增高。所以，设置送话器灵敏度之后需要进行测试，满足需求效果即可。

语音播放功能相对简单，控制器调用本机对应的播放器播放 wav 文件，对应配置界面如图 3-36 所示。

编程实现 FTP 上传下载文件。Woody 端的音频文件会在检出时自动清空。Woody 有 2 GB 左右的空间用于存放音频文件。检出文件越大，需要传送的时间越长。上传成功后会有“成功上传/下载，关闭连接”的提示。请不要改动列表中音频文件的文件名（filename），否则不能将音频文件正确检出到 Woody 端。

图 3-36　语音播放界面

2. 图像功能

图像功能分为图像捕捉、颜色识别、条码识别 3 个部分，想要使用图像功能请使用“卓越之星”套件中的 USB 摄像头。

图像捕捉功能的配置界面如图 3-37 所示。

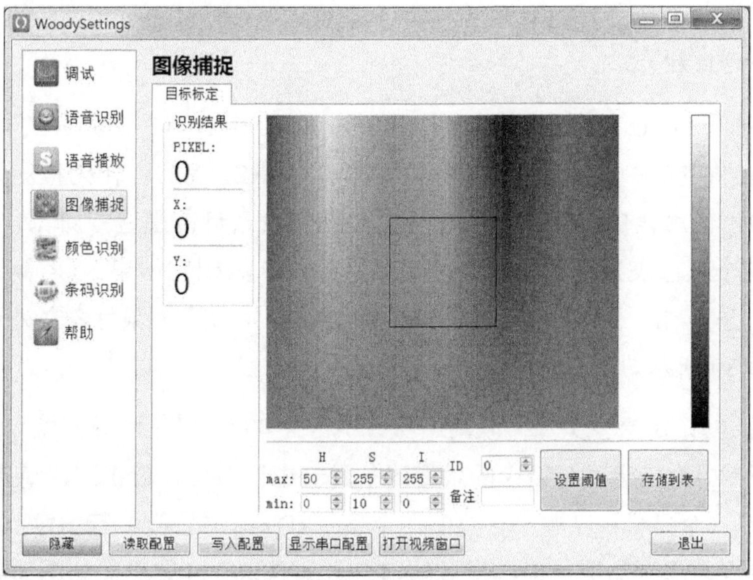

图 3-37　图像捕捉功能界面

调节 HSI 的阈值范围，然后转存到颜色表中，如图 3-38 所示。

图 3-38　颜色阈值表

将配置好的颜色表发送到 Woody 端（即单击“写入配置”按钮）。根据协议，通过串口发送指定的颜色 ID 号，即可识别颜色表中指定的颜色。如果想获取识别的结果，可以根据规定发送“允许下发”指令。发送命令后，串口将会收到识别的结果（目标的几何中心点坐标和有效像素点个数总和）。

颜色识别是通过 USB 摄像头采集图像，读取 Woody 上现有的 SQLite 数据库（home/ws.db）提供的有效矩形面画范围（X1，Y1）（X2，Y2），作为检测区域。采集一次图像数据，将检测区域内的像素颜色，与给定的颜色表条目范围进行对比，若有 2/3 以上的像素完全落在某个颜色表条目范围内，则该条目的 ID 为识别结果。（若满足多个范围，以顺序靠前的一个条目 ID 作为结果。）颜色识别的配置界面除了颜色表之外还有区域范围需要设置，如图 3-39 所示。

条码识别通过 USB 摄像头（微软网络摄像机 VX-800）采集图像，检测区域内条形码、二维码（方向不确定）信息，与给定的条形码条目表进行对比，若相同，则该条目的 ID 为识别结果。（若满足多个条目，以顺序靠前的一个条目 ID 作为结果。）若图像范围内有多个二维码、条形码，则提取识别靠图像中心最近的那个。条码识别配置界面如图 3-40 所示。

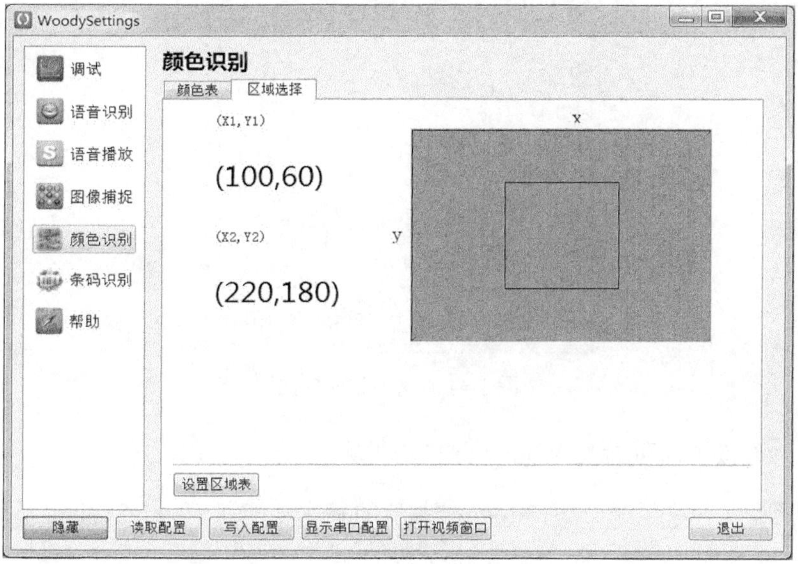

图 3-39　颜色识别区域范围

图 3-40　条码识别界面

除了以上 Woody 的几大功能之外，为了增强在对 Woody 控制器调试配置过程中的体验，我们为图像功能增加了图像传输功能，仅仅做视频采集传输，不做其他处理，在 WoodySettings 软件端增加了视频监控界面，如图 3-41 所示。

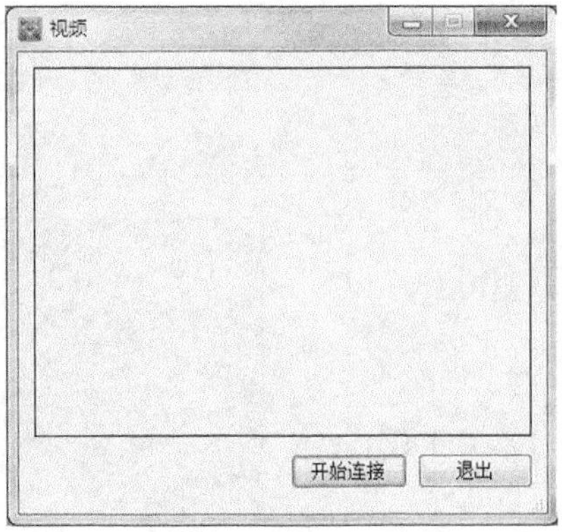

图 3-41　视频监控界面

单击“开始连接”即可看到 Woody 回传的视频。

下面通过两个实验来了解一下 Woody 控制器的基本功能和 WoodySettings 软件的使用方法。

3.4.2　实验一：Woody 的语音识别功能

1．实验目的

（1）了解 Woody 控制器的基本功能。

（2）学习 WoodySettings 软件的基本使用方法。

（3）Woody 功能可分为语音功能、图像功能两大类，本次实验以语音识别为例让大家了解 Woody 控制器语音功能的基本流程。

2．实验器材

多功能调试器（驱动提前安装）	1
Woody 控制器	1
PC 机（安装有 WoodySettings 软件）	1
耳机（需带有送话器功能）	1

3．实验过程

步骤 1　硬件连接检测：PC 与多功能功调试器连接，多功能调试器与 Woody 控制器连接检测，请注意，下载连接线有三角标的一侧靠近 Woody 控制器供电接口插入；供电线路连接可参照下图（图 3-43）连接，也可采用电池供电线连接。耳机、送话器请按照 Woody 控制器上的指示插入对应的接口中。接线如图 3-42 所示。

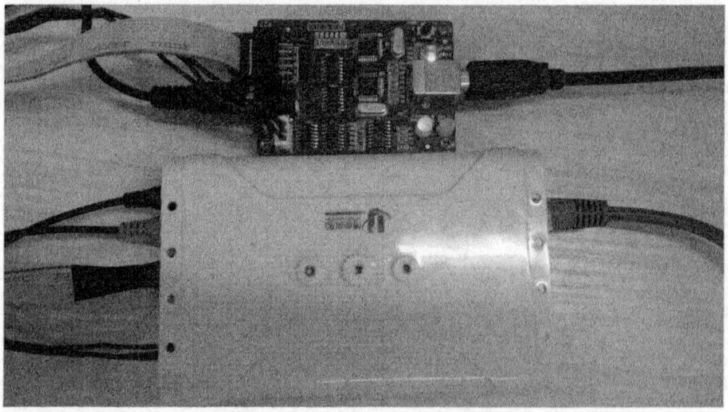

图 3-42 硬件连接图

步骤 2 硬件连接确认无误后，开启电源为 Woody 控制器供电，等待 25 s 左右，会听到两声脆响，代表系统及应用全部启动成功。

步骤 3 PC 机安装 WoodySettings 软件：PC 机环境为 Windows 7 64 位操作系统，双击打开“WoodySettings.exe”文件，一路单击“下一步”即可在默认路径（C:\Program Files （x86）\WoodySettings）下安装 WoodySettings 软件，并会在桌面创建快捷图标。双击桌面图标运行 WoodySettings。

步骤 4 Woody IP 配置：WoodySettings 最好以管理员身份运行，方便 IP 的设置。只有设置好本地 IP 后，WoodySettings 才能对 Woody 进行调试配置。启动后进入“调试”界面→“下载网络设置”，如图 3-43 所示。

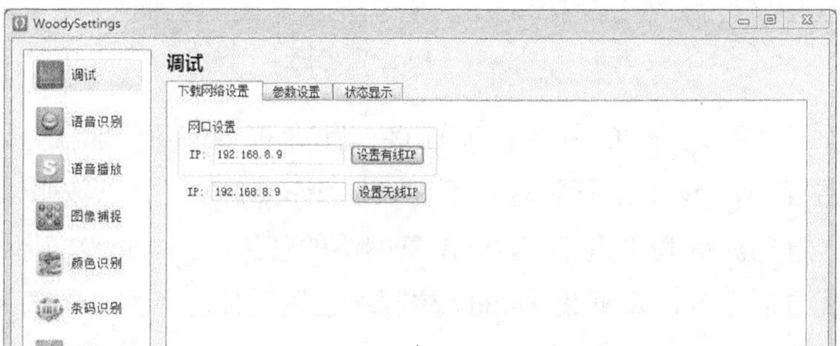

图 3-43 Woody IP 配置

首先在 IP 栏进行 IP 设置，格式为“192.168.8.xxx”，“xxx”范围是 0～255，（注意：“xxx”不能设置为 8）。根据网络模式（有线或无线）单击对应的设置 IP 的按钮，可能会有杀毒软件阻止修改 IP，此时需要选择允许运行。如果阻止运行，则不能修改 IP。

如果出现 IP 地址设置不成功，请参照如下方法手动对 IP 进行修改。以 Win7 系统为例，“开始”→“控制面板”→“查看网络状态和任务”→“更改适配器设置”，双击“本地连接”弹出“本地连接 属性”窗口，双击“Internet 协议版本 4 （TCP/IPv4）”，设置 IP 为“192.168.8.xxx”，“xxx”范围是 0～255，（注意：“xxx”不能设置为 8）。最终效果如图 3-44 所示。

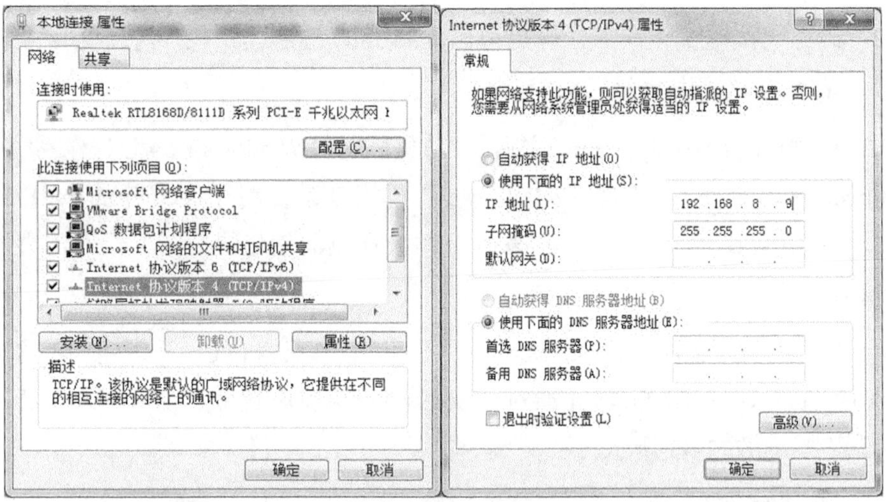

图 3-44　IP 设置界面

IP 设置成功后，用网线将 PC 和 Woody 连接。启动 Woody 后，能在“调试”界面的“状态显示”标签中监视 Woody 的运行状态。不需设置 Woody 时，可以按照以上步骤到系统 IP 设置窗口，选择“自动获得 IP 地址”，即可恢复网络的使用状态。网络连接的正常与否与 PC 端控制软件修改配置后上传，及下载 Woody 控制端配置文件有着紧密的关系。

步骤 5　语音识别功能相关设置：由于送话器灵敏度各有差异，在语音识别前可以根据自身情况，设置送话器的灵敏度（修改“parameter”的值），如图 3-45 所示。

Woody 中送话器的默认灵敏度为 88，最佳设置范围是 64～90，可设置范围是 0～127。如果超出设置范围，Woody 会将参数设为默认值，即 88。送话器灵敏度值越大则越灵敏，但是过度灵敏会造成语音失真，误识别率增高。所以，设置送话器灵敏度之后需要进行测试，满足需求效果即可。

图 3-45　参数设置

选中语音识别标签，可以看到预先设置的几条语音指令，如图 3-46 所示。ID 是关键词的编号，设置的数值可以相同。当 Woody 识别关键词之后，将会根据协议，通过串口发回关键词对应的 ID 号。ID 号数值范围是 0～255。

Keyword 是关键词，在语音识别过程中能够识别这些关键词，并通过串口发回识别结果。关键词必须是中文，长度最好不大于 5，总个数不大于 50，否则识别效果不佳。

关键词编辑完成后，单击“自动注音”按钮，会在“pinyin”栏显示关键词的拼音。在“remark”栏，用户可以对关键词进行备注说明。设置完成后单击“写入配置”就可以将关键词导入 Woody 端，写入操作会覆盖 Woody 端原有配置。“读取配置”则可以将 Woody 端的配置读取到 PC 端，读取操作会覆盖 PC 端的本地配置。

“增加条目”可以增加关键词的个数，“删除条目”可以删除选中的一条关键词，“清空条目”可以清除所有关键词列表，“升序”、“降序”可以根据 ID 号大小对关键词列表进行排序。

上述配置完成后还有最关键一步——上传配置至 Woody 端。单击写入配置按钮，直至界面右下角出现成功上传/下载，关闭连接字样，配置成功。如果一直未出现上述字样，请查看网络 IP 是否与 Woody 在同一网段。

图 3-46　语音识别设置

步骤 6　串口连接测试：单击“显示串口配置”按钮打开“串口配置”窗口，如图 3-47 所示，选择对应串口打开，单击“测试”按钮，若如图（图 3-47）所示收到回复则表示连接正常。

图 3-47　串口连接测试

步骤 7 开启语音识别：

如图 3-48 所示，首次启动所有 WoodySetting 功能未被点选或勾选。

图 3-48 设置启动语音识别

如需启动某一项功能请勾选（对应语音功能）或点选（对应图像功能）对应选框。然后单击“设置启动”按钮。如果启动该功能成功，会使对应功能下的按钮变亮，同时会听到一声脆响（表示语音引擎启动成功），界面如图 3-49 所示。

图 3-49 启动成功

步骤 8 开始语音识别：

单击“允许下发”按钮，启动识别流程，此时在送话器旁说出前面设置的你想要识别的关键字，成功识别的话会在上方的接收区中收到一串串口指令帧，格式为“0x55 0xAA 0x06 0x10 xx xx”，后两位分别代表识别结果对应 ID 号和校验号。示例：55 AA 06 10 01 16。

4．实验总结

（1）了解了语音识别功能的基本流程，初步熟悉了 Woody 控制器与 WoodySettings 的软硬件连接。

（2）了解了 WoodySettings 软件的一些基本配置过程。

3.4.3 实验二：Woody 的图像捕捉功能

1．实验目的

（1）了解 Woody 控制器的基本功能。

（2）学习 WoodySettings 软件的基本使用方法。

（3）Woody 功能可分为语音功能、图像功能两大类，本次实验以图像捕捉为例让大家了解 Woody 控制器图像功能的基本流程。

2．实验器材

多功能调试器（驱动提前安装）	1
Woody 控制器	1
PC 机（安装有 WoodySettings 软件）	1
USB 摄像头	1
Woody 图像标定卡	1

3．实验过程

步骤 1　硬件连接检测：PC 与多功能功调试器连接，多功能调试器与 Woody 控制器连接检测，请注意，下载连接线有三角标的一侧靠近 Woody 控制器供电接口插入；供电线路连接可参照图 3-50 连接，也可采用电池供电线连接。USB 摄像头连至任意 USB 接口。

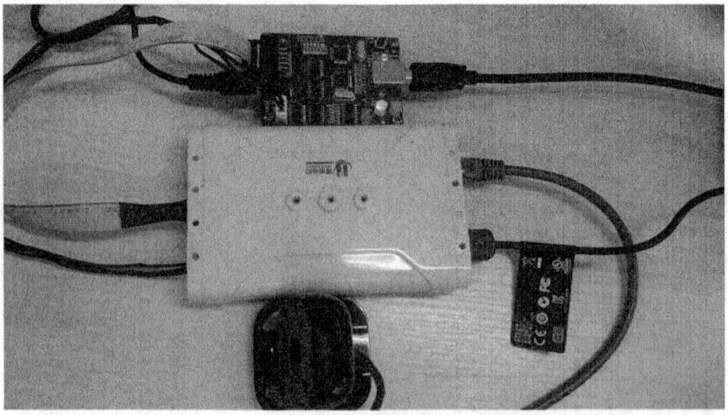

图 3-50　硬件连接

步骤 2　硬件连接确认无误后，开启电源为 Woody 控制器供电，等待约 25 s 左右，会听到两声脆响，代表系统及应用全部启动成功。

步骤 3　PC 机安装 WoodySettings 软件：PC 机环境为 Windows 7 64 位操作系统，双击打开“WoodySettings.exe”文件，一路单击“下一步”即可在默认路径（C:\Program Files（x86）\WoodySettings）下安装 WoodySettings 软件，并会在桌面创建快捷图标。双击桌面图标运行 WoodySettings。

步骤 4　Woody IP 配置：WoodySettings 最好以管理员身份运行，方便 IP 的设置。只有设置好本地 IP 后，WoodySettings 才能对 Woody 进行调试配置。启动后进入“调试”界面→“下载网络设置”，如图 3-51 所示。

图 3-51　“调试”界面

首先在 IP 栏进行 IP 设置，格式为“192.168.8.xxx”，“xxx”范围是 0～255，（注意：“xxx”不能设置为 8）。根据网络模式（有线或无线）单击对应的设置 IP 的按钮，可能会有杀毒软件阻止修改 IP，此时需要选择允许运行。如果阻止运行，则不能修改 IP。

如果出现 IP 地址设置不成功，请参照如下方法手动对 IP 进行修改。以 Windows 7 系统为例，“开始”→“控制面板”→“查看网络状态和任务”→“更改适配器设置”，双击“本地连接”弹出“本地连接 属性”窗口，双击“Internet 协议版本 4 （TCP/IPv4）”，设置 IP 为“192.168.8.xxx”，“xxx”范围是 0～255，（注意：“xxx”不能设置为 8）。最终效果如图 3-52 所示。

IP 设置成功后，用网线将 PC 和 Woody 连接。启动 Woody 后，能在“调试”界面的“状态显示”标签中监视 Woody 的运行状态。不需设置 Woody 时，可以按照以上步骤到系统 IP 设置窗口，选择“自动获得 IP 地址”，即可恢复网络的使用状态。

网络连接的正常与否与 PC 端控制软件修改配置后上传，及下载 Woody 控制端配置文件有着紧密的关系。

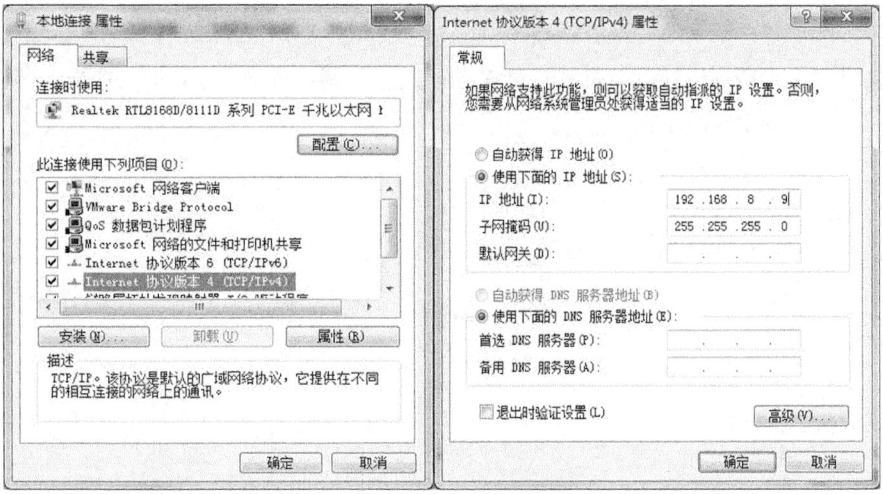

图 3-52　IP 设置窗口

步骤 5　图像捕捉功能相关设置：首先连接摄像头与 Woody（USB 连接），开启图像捕捉功能后，有两种方式可以标定颜色。

方式 1

用多功能调试器将 Woody 与 PC 连接，多功能调试器设置为 RS-232 模式，打开 WoodySettings 的串口配置功能，如图 3-53 所示，打开调试器的端口。

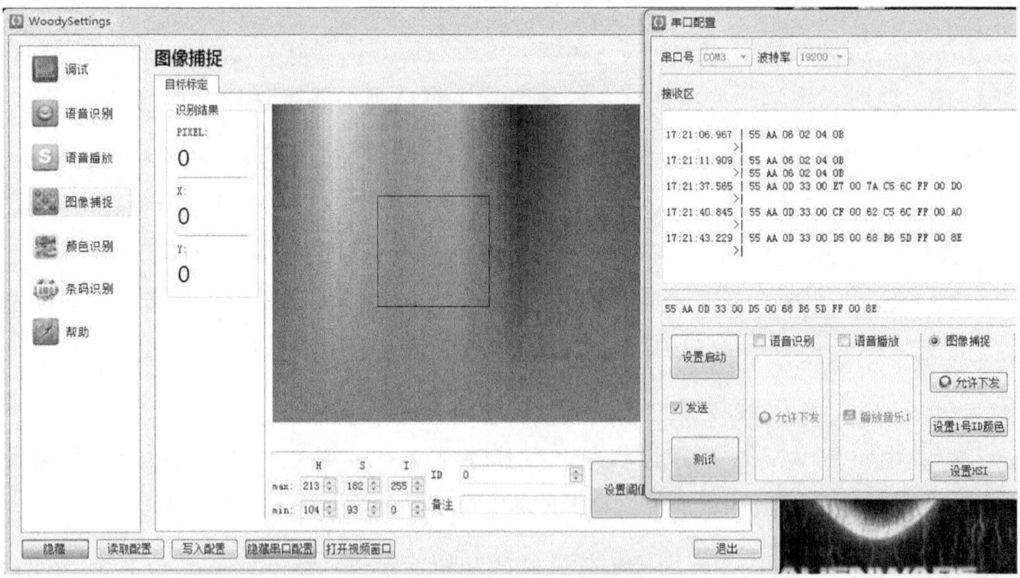

图 3-53　串口调试

打开串口后（建议单击“测试”按钮测试串口是否正常，接收区有回复则正常，没有回复则串口连接不正常），需要先勾选设置启动的模块，如“图像捕捉”，单击“设置启动”按钮，再打开视频窗口，如图 3-54 所示。单击“开始连接”即可看到 Woody 回传的视频。

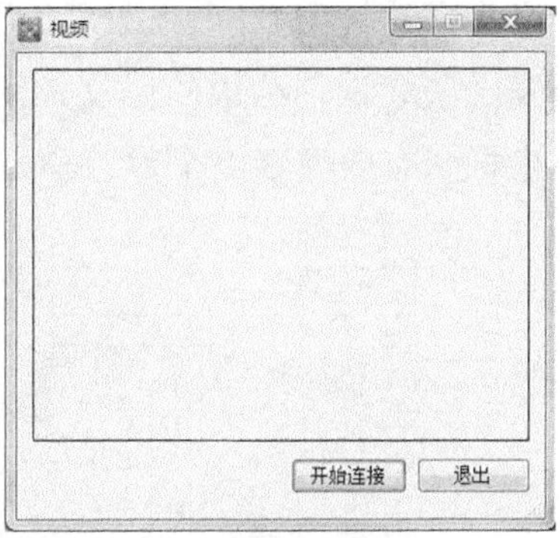

图 3-54 图像捕捉“视频”窗口

此时拖动“图像捕捉”窗口中的标定方框，如图 3-55 所示，就能标定所要捕捉的颜色的 HIS 阈值。“视频”窗口会显示标定的效果。（识别成功后，会用红色像素点替代目标颜色的像素点。）

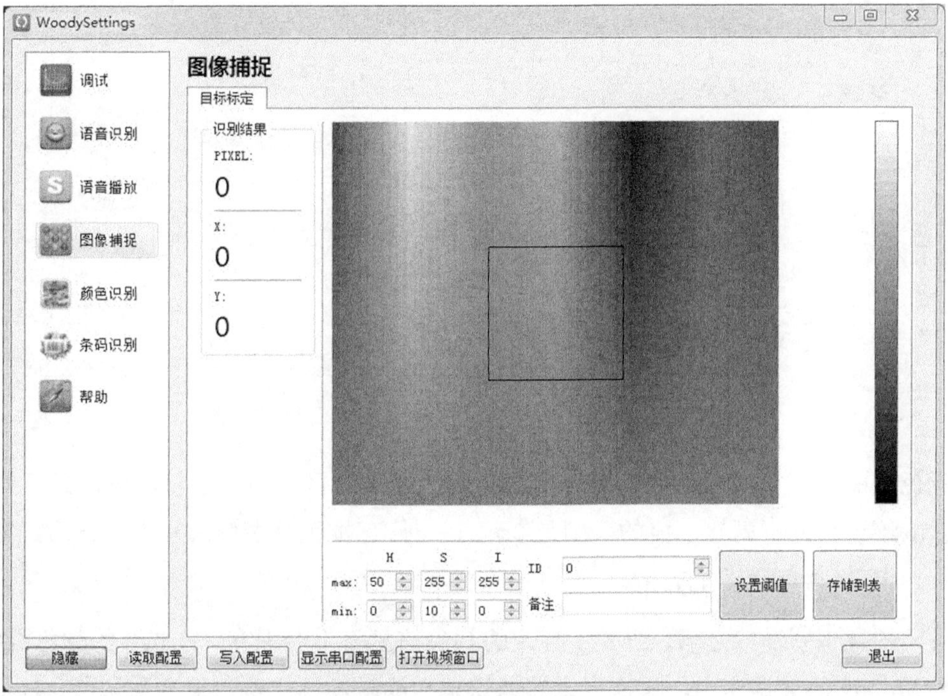

图 3-55 目标颜色标定窗口

方式 2

继续方式 1 的操作，将想要存储的颜色阈值存储到颜色表，直接单击“存储到表”即可将 HSI 的阈值存储到颜色表中，如图 3-56 所示。

将配置好的颜色表发送到 Woody 端（即单击“写入配置”按钮）。根据协议，通过串口发送指定的颜色 ID 号，即可识别颜色表中指定的颜色。如果想获取识别的结果，可以根据规定发送获取识别结果的协议。发送获取命令后，串口将会收到识别的结果（目标的几何中心点坐标和有效像素点个数总和）。

图 3-56　颜色表窗口

在颜色表的标签窗口中，同样可以增加条目，删除条目，清空条目，以及条目排序。ID 号的数值应该设置为不同值，值的范围是 0～255。只有将颜色表信息写入配置后，根据协议发送识别指定 ID 号颜色才能有效。

当关闭图像识别功能之后，方式 1 标定的颜色信息将不会保存，方式 2 的颜色 ID 号信息将存储到 Woody 的数据库中，再次启动图像识别功能时，标定颜色值为默认值：Hmax=50，Hmin=0，Smax=255，Smin=10，Imax=255，Imin=0。此时可以直接通过 ID 号进行颜色值的设置标定，也可以通过方式 1 进行颜色的标定。图 3-57 所示为按照图像功能标定卡顺序添加到表中的 HSI 阈值范围。

步骤 6　串口连接测试：单击“显示串口配置”按钮打开“串口配置”窗口，如图 3-58 所示，选择对应串口打开，单击“测试”按钮，若如图 3-58 所示收到回复则表示连接正常。

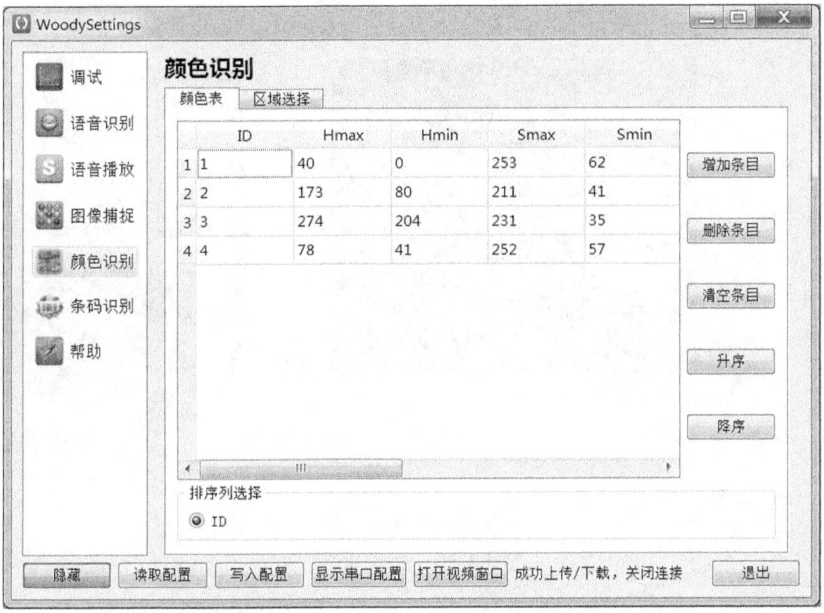

图 3-57 图像标定卡 HSI 阈值范围

图 3-58 串口连接测试

步骤 7 开始图像捕捉：单击“设置 1 号 ID”按钮，即开始识别颜色表中第一个颜色，默认为红色，如果单击“允许下发”，在图像识别窗口会实时显示像素点数、区域中心坐标 X、Y。如图 3-59 所示。

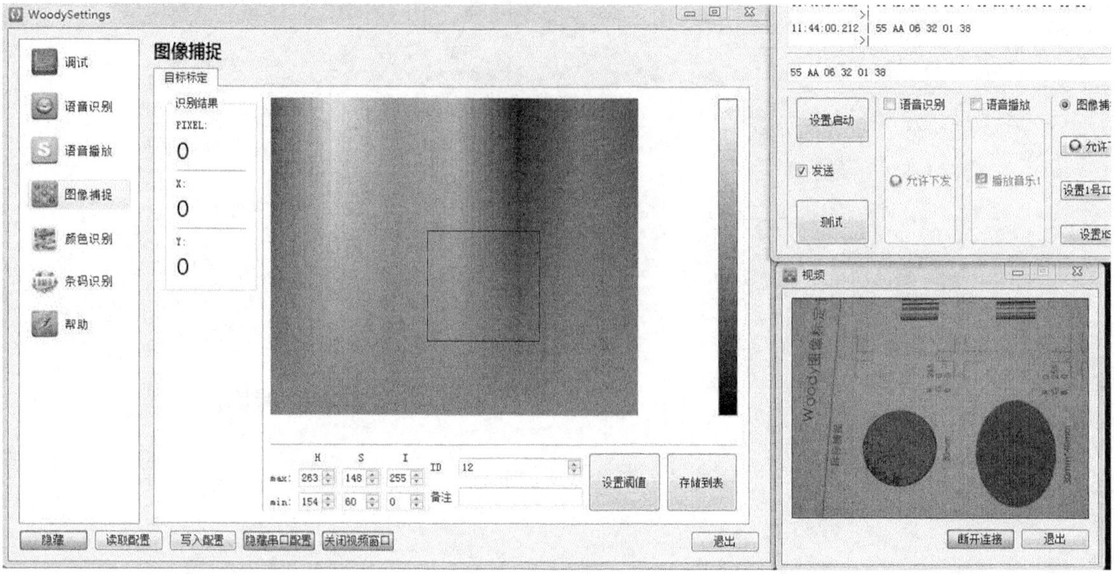

图 3-59　图像捕捉

注意：标定颜色和识别过程中请注意光线问题。光线过暗可能导致在视频窗口显示的颜色有所失真，从而导致无法识别，或识别到的颜色像素点数少。理论上在相同明暗程度下标定到数据库的颜色会和识别的没有偏差。

4．实验总结

（1）了解了图像识别功能的基本流程，进一步熟悉了 Woody 控制器与 WoodySettings 的软硬件连接。

（2）了解了 WoodySettings 软件的一些基本配置过程。

（3）对 WoodySettings 软件通过串口控制 Woody 控制器，通过网络更新配置文件等有了整体认识。

第 4 章 传感器

使用“卓越之星”搭建的构型要能够自主运动或者工作，必须依赖于对外界环境的感知和判断，这个子系统就是传感器系统。智能设备的传感器系统包括各种用于感知外界位置信息、距离信息、光线、温度、湿度、声音、颜色、图像、形状的传感器，以及处理这些信息的电路。这些外界信息必须经过传感器的换能器将其转换成电信号，进而通过处理电路变成控制系统能够识别和处理的信号，才能被控制系统所使用，作为控制智能设备的依据。

例如，为了使机械手准确地抓取指定位置的物体，可在机械手末端安装一个测距声纳，不断探测物体与机械手的距离，并把这个距离信号以电信号的形式发送给控制系统。当控制系统监测到这个距离到达机械手抓取位置时，控制机械手停止转动，直接抓取物体。

本章对常见的传感器信号处理做扼要简介，同时介绍“卓越之星”包含的传感器功能及使用方法，并通过几个小实验帮助读者加深理解。通过对本章的学习，相信读者能掌握传感器的使用，并在以后创建构型时，能够选择合适的传感器。

4.1 基本概念

首先我们需要先理解传感器系统中常见的几个概念：信号、总线、通信协议。

4.1.1 信号

信号是随时间变化的物理量（光、电、文字、符号、图像、数据等），可以认为它是一种传载信息的函数。人们通过一定的手段获取信号，通过适当的信息分析和处理，才能取得所需的信息。比如，我们通过控制器采集温度传感器的输出信号，通过解析之后就能够知道当前温度值，温度值就是我们所需要提取的信息。

根据信号的自变量（多指时间或空间等参数）和信号函数的取值不同，信号可以分为连续时间信号和离散时间信号两类。根据函数取值是否连续，信号可分为模拟信号、数字信号等。

1. 模拟信号

在时间和数值上均连续的物理量称为模拟量，如电压、电流、声音、速度、压力、温度等，我们将表示这些物理量的信号称为模拟信号，将工作在模拟信号下的电子电路称为模拟电路，同理将输出信号为模拟信号的传感器称为模拟量传感器。

2. 数字信号

有些物理量在时间和数值上均是离散的，它们的变化在时间上是不连续的，总是发生在一系列离散的瞬间。同时，它们的数值大小和每次增减变化都是某个最小单位的整数倍，小于这个最小数量单位的任何值都是没有意义的。这类物理量称为数字量，其信号称为数字信号，工作在数字信号下的电子电路称为数字电路，同理将输出信号为数字信号的传感器称为数字量传感器。

3. 开关信号

计算机的数据结构是由 0 和 1 构成的，所以 0 和 1 两种状态的数据是最容易处理的。数字信号里，最简单的信号就是表示高电平和低电平的 1 和 0。只有 0 和 1 的数字信号称为开关信号，同理只能输出高电平和低电平的传感器称为开关量传感器。

4.1.2　数据总线

所谓总线，就是指能为多个功能部件服务的一组信息传输线，它是计算机中系统与系统之间，或者各部件之间进行信息传送的公共通路，如 RS-422 总线、CAN 总线、IIC 总线、USB 总线等。

4.1.3　通信协议

"协议"一词常用来表示"外交礼仪""条约"等。由此可见，通信协议也就是为进行数据通信而事先约定的章程。

通信协议由表示信息结构的格式和表示信息交换的进程组成。格式规定了数据为何种类型，如何排列，至于进程则规定了数据以怎样的步骤和流向来实现信息交流。数据通信时，为了保证双方能够正确地收发信息，应遵循相同的通信协议。我们最常见的通信协议是 TCP/IP 协议。

以上内容是模拟电路、数字电路、计算机技术的基础内容，更详细的资料还请查阅相关教材。

4.2 “卓越之星”传感器介绍

“卓越之星”配套的传感器有模拟量传感器、开关量传感器、总线式传感器 3 种。具体如表 4-1 所示。

表 4-1 “卓越之星”传感器类型及电气规范

项目	数据类型	电气规范
红外接近传感器	开关量	低电平 0 V 高电平 5 V
碰撞传感器	开关量	低电平 0 V 高电平 5 V
Mic 传感器	音频信号	
霍尔传感器	模拟量	0～5V
倾角传感器	模拟量	0～5V
光强传感器	模拟量	0～5V
温度传感器	模拟量	0～5V
灰度传感器	模拟量	0～5V
红外测距传感器	模拟量	0～5V
巡线传感器	串行总线	博创尚和舵机总线协议
RFID 读卡器	串行总线	RS-232 协议

4.2.1 碰撞传感器

碰撞传感器，顾名思义，是一种检测物体碰撞状态的传感器，其是由一个按钮开关和外围电路构成，其输出信号为开关量，当按钮按下时，信号输出端输出低电平，按钮释放时，信号输出高电平。

- 类型：开关量传感器。
- 功能：获取开关量输入。
- 接口：三针杜邦线接口。
- 线序：三线连接，分别为地（GND）、供电（VCC）、信号（S），线序如图 4-1 所示。

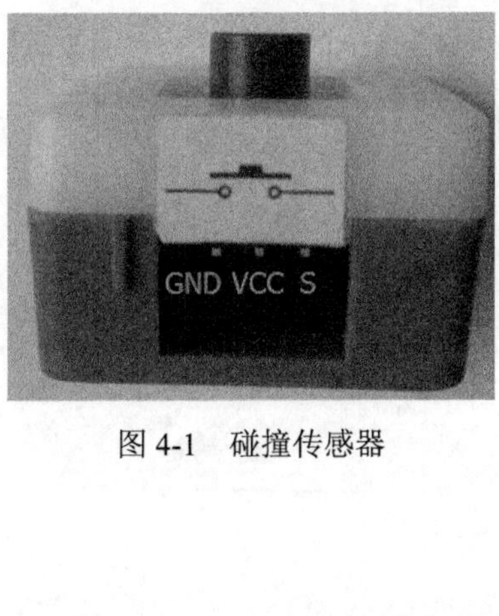

图 4-1 碰撞传感器

使用方法：连接 VCC 至 5 V，连接 GND 至地，按键释放时，输出引脚（S）为高电平（5 V），按键按下时，输出引脚（S）为低电平（0 V）。

4.2.2　送话器

“卓越之星”中的送话器就是我们常见的连接计算机进行语音输入的送话器，其主要是连接到 Woody 控制器做语音输入进行语音交互使用，在高级功能中，读者可编程实现语音控制构型的搭建和语音交互。

- 类型：音频传感器。
- 功能：获取音频输入。
- 接口：三针杜邦线接口。
- 线序：和计算机常用的耳机线序一致，有地（GND）、信号（SIG）、空脚（NC），线序如图 4-2 所示（SIG 接耳机线中的 Mic 线）。
- 使用方法：通过耳机线连接传感器与 Woody 控制器，可以作为 Woody 控制器的音源输入。

图 4-2　送话器

4.2.3　光强传感器

光强传感器是用来探测周围环境光线强度，其对可见光的光照强度很敏感，核心元件是一只光敏电阻，其输出信号为与光强相关的模拟信号。

- 类型：模拟量传感器。
- 功能：获取光照强度。
- 接口：三针杜邦线接口。
- 线序：三线连接，分别为地（GND）、供电（VCC）、信号（SIG），如图 4-3 所示（SIG 为输出端）。
- 使用方法：光照越强，输出电压值越高（在 0.8～4.5 V 之间浮动），使用时需要根据现场光照条件确定阈值。

图 4-3　光强传感器

4.2.4　灰度传感器

灰度传感器是用于探测物体表面颜色深浅的传感器，其通过自身的高亮白色 LED 照亮被检测物体，被检测物体反射 LED 的白光，由于不同颜色对白光的反射能力不一样，同样材质白色反射度最高，黑色反射度最低，灰度传感器前端有一个光敏电阻，用于检测反射光的强弱，据此可以推断出被检测物体的灰度值。

- 类型：模拟量传感器。
- 功能：获取物体表面灰度。
- 接口：三针杜邦线接口。
- 线序：三线连接，分别为地（GND）、供电（VCC）、信号（SIG），如图 4-4 所示（SIG 为输出端）。
- 使用方法：测量表面灰度越高（越接近白色），输出电压值越高，面对 A4 白纸面（距离 1 cm）约为 4.6 V，黑纸面约为 2.8 V，使用时需要根据现场光照条件确定阈值。

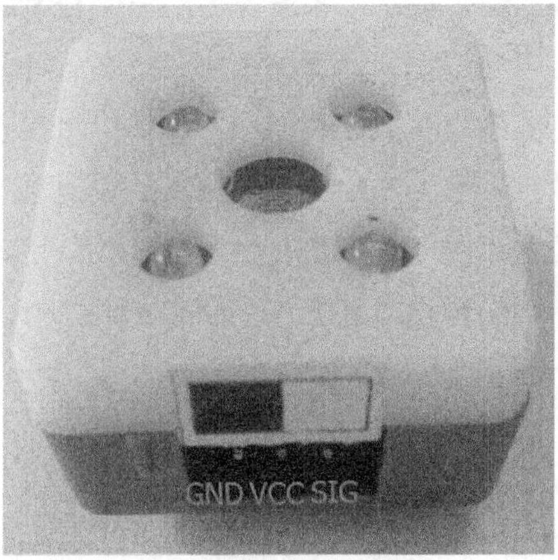

图 4-4　灰度传感器

4.2.5　霍尔传感器

霍尔传感器是一种磁传感器，它可以检测磁场及其变化，可在各种与磁场有关的场合中使用。“卓越之星”中的霍尔传感器可结合套件中的磁铁，用于场景中构型的定位及接近探测。

- 类型：模拟量传感器。
- 功能：获取磁感应强度。
- 接口：三针杜邦线接口。
- 线序：三线连接，分别为地（GND）、供电（VCC）、信号（SIG），如图 4-5 所示（SIG 为输出端）。
- 使用方法：无磁钢状态下输出电压为 2.5 V，有磁钢状态下输出电压为小于 2.5 V 或大于 2.5 V（视磁场极性而定，变化范围在 2.3 V～2.7 V 之间）。

图 4-5　霍尔传感器

4.2.6　倾角传感器

姿态传感器采集的是物体的姿态信息，专业的姿态传感器（电子罗盘、陀螺仪等）价格昂贵，“卓越之星”配备了一种简单的倾角传感器，倾角测量理论是牛顿第二定律，根据基本的物理原理，在一个系统内部，速度是无法测量的，但却可以测量其加速度。如果初速度已知，就可以通过积分计算出线速度，进而可以计算出直线位移。当倾角传感器静止时也就是侧面和垂直方向没有加速度作用，那么作用在它上面的只有重力加速度。重力垂直轴与加速度传感器灵敏轴之间的夹角就是倾斜角了。计算方式是加速度传感器输出信号经高精度模数转换后，交由混合信号处理器进行滤波、平滑、方差估计等处理后，获得精确的瞬时加速度。最终将精确瞬时加速度解算为倾角信息。

- 类型：模拟量传感器。
- 功能：获取倾斜角度。
- 接口：三针杜邦线接口。
- 线序：三线连接，分别为地（GND）、供电（VCC）、信号（SIG），如图 4-6 所示（SIG 为输出端）。

图 4-6　倾角传感器

- 使用方法：输出引脚（SIG 脚）输出电压曲线如图 4-7 所示。

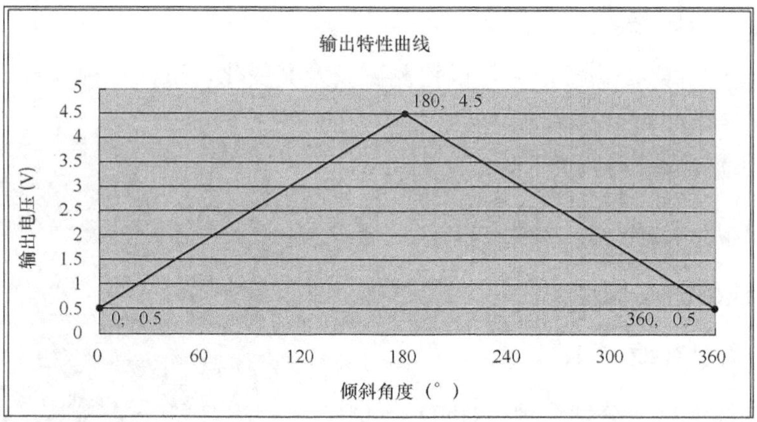

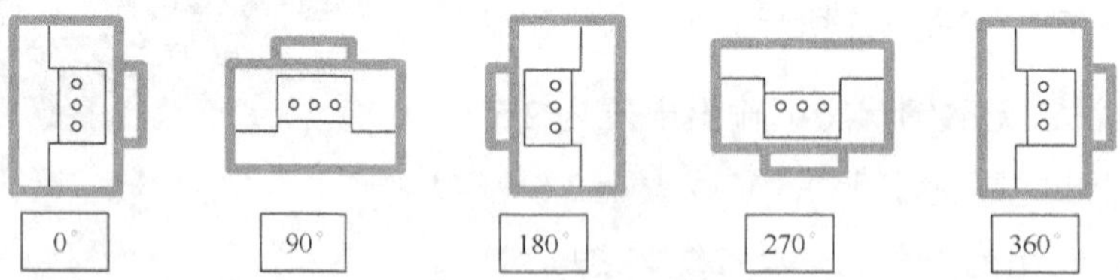

图 4-7　输出电压曲线

4.2.7 温度传感器

温度传感器是一种检测温度的部件。其核心是美国 National Semiconductor 公司的 LM35 温敏传感器。这款传感器的标称温度检测范围是 0～70 ℃。为了传感器的安全起见，不要将传感器放置在超过 80 ℃的环境中。该传感器并不具备防水能力，请不要用该传感器测量水温。

图 4-8 温度传感器

- 类型：模拟量传感器。
- 功能：获取温度。
- 接口：三针杜邦线接口。
- 线序：三线连接，分别为地（GND）、供电（VCC）、信号（SIG），如图 4-8 所示（SIG 为输出端）。

使用方法：0 ℃时，输出 0 V，温度每升高 1 ℃，输出增加 10 mV，最高工作温度 70 ℃。

4.2.8 红外接近传感器

红外接近传感器俗称光电开关，实物如图 4-9 所示。它是利用被检测物对光束的遮挡或反射，由同步回路选通电路，从而检测物体有无的。光电开关将输入电流在发射器上转换为光信号射出，接收器再根据接收到的光线的强弱或有无对目标物体进行探测。多数光电开关选用的是波长接近可见光的红外线，因此也称为红外开关。

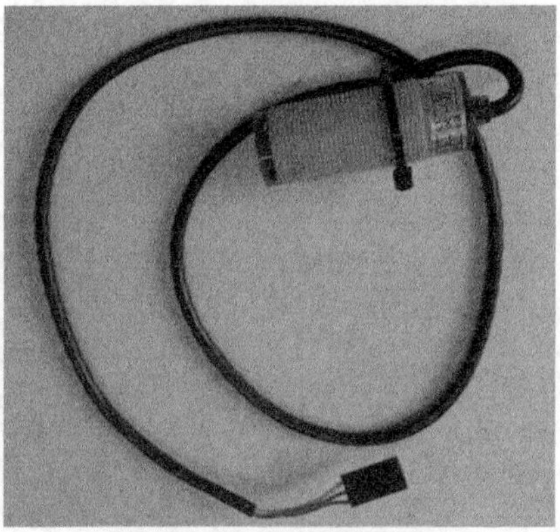

图 4-9 红外接近传感器

- 类型：开关量传感器。
- 功能：判断有无障碍物。
- 接口：三针杜邦线（母头）。
- 线序：杜邦线母头带三角一侧为 GND（连接时对应控制器输出接口的三角标志），向另一侧依次为 VCC（电源输入）、S（数字量信号输出脚）。
- 使用方法：无障碍物时，传感器自带灯不亮，输出引脚为高电平（5 V），检测到障碍物时，传感器自带灯点亮，输出低电平。传感器检测范围可以通过旋转传感器上的电位器调节。

4.2.9　RFID 读卡器

RFID 是射频识别的英文缩写。通俗地说，RFID 读卡器是一种能阅读电子标签数据的自动识别设备。RFID 射频识别是一种非接触式的自动识别技术，它通过射频信号自动识别目标对象并获取相关数据，识别工作无须人工干预，可工作于各种恶劣环境。RFID 技术可识别高速运动物体并可同时识别多个标签，操作快捷方便。“卓越之星”中配备的 RFID 读卡器结合 RFID 卡使用，可在各种无线智能构型中使用，实现无线组网功能。

- 类型：RS-232 传感器。
- 功能：读取 RFID 卡信息。
- 接口：五针杜邦线接口［仅需要其中 TXD、VCC（5 V）两个引脚用以发送数据］与三针接口。信号输出（SIG）端输出 5 V 表示有卡，0 V 表示无卡,有卡时绿色指示灯亮。
- 线序：参考图 4-10 所示的 PCB 丝印。
- 使用方法：RFID 读卡器采用 UART（通用异步收发传输器）接口发送、返回数据，当有 RFID 卡进入该射频区域内时，读卡器主动发出一定格式的卡号数据，用户可使用串口助手读出数据。RFID 读卡器实物如图 4-11 所示。

RFID 读卡器通讯波特率为 9 600 Bd，其一帧的数据包含一个起始位、8 个数据位、无奇偶校验位、一个停止位。数据为 5 字节数据，高位在前，格式为“4 字节数据+1 字节校验和（异或和）”。例如：卡号数据为 0xE0A00890，则输出为 0xE0 0xA0 0x08 0x90 0xD8（校验和计算：0xE0^0xA0^0x08^0x90 = 0xD8）。

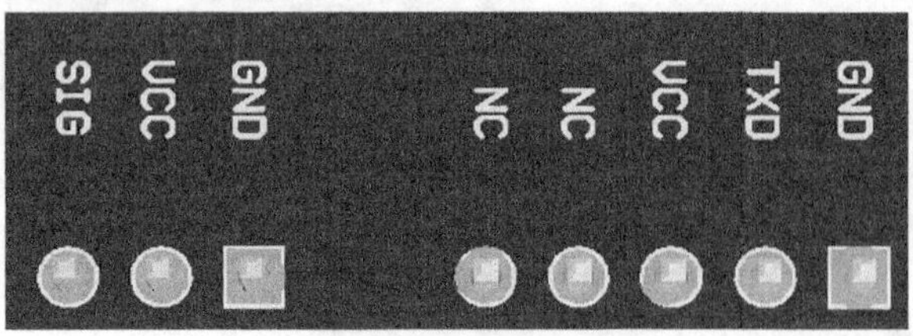

图 4-10　RFID 读卡器线序

图 4-11　RFID 读卡器

4.2.10　巡线传感器

巡线传感器是用于机器人沿规划好的路径运动的一种廉价解决方案，使用巡线传感器需要在机器人运动环境中贴上一条带颜色的线，一般为黑色，巡线传感器为一个 7 路红外阵列，每路红外相隔一定距离，当中间 3 路红外探测到黑线时保持直行，当有一路没有探测到黑线时，向该路方向转弯，保证中间 3 路探测到黑线。巡线传感器实物如图 4-12 所示。

- 类型：舵机总线传感器。
- 功能：感知白线位置。
- 接口：舵机总线接口，支持级联。
- 使用方法。

（1）传感器灵敏度调节：在初次使用巡线板时需要对巡线板 7 个传感器的灵敏度进行调节。调节方法为，将贴有黑色胶带的白纸放在巡线板的传感器下方（距离最好不要超过 6 mm），调节传感器对应的电位器阻值，要调节到当白纸放在传感器下方时，对应的 LED 灯灭，当黑色胶带处于传感器下方时，对应 LED 灯亮。

（2）传感器数据返回：从巡线板上方看传感器从左到右为 1～7，分别对应返回值的 1～7 位，巡线板的 ID 地址固定为 0x00，波特率为 1 000 000 Bd，通过一条固定的协议即可请求 7 个传感器的状态。

具体协议为：FF FF 00 04 02 32 01 C6（请求返回 7 个传感器状态指令）

检验 0xC6 = ～（0x00+0x04+0x02+0x32+0x01）

如返回协议为：FF FF 00 03 00 1C D0

校验 0xD0 = ～（0x00+0x03+0x00+0x1C）

返回值中 0x1C 即为选线传感器 7 个传感器的状态（低 7 位为有效位），0x1C 转为二进制为 1110000（最高位无效），即传感器 1、2、3、4 检测的为白色（巡线）。

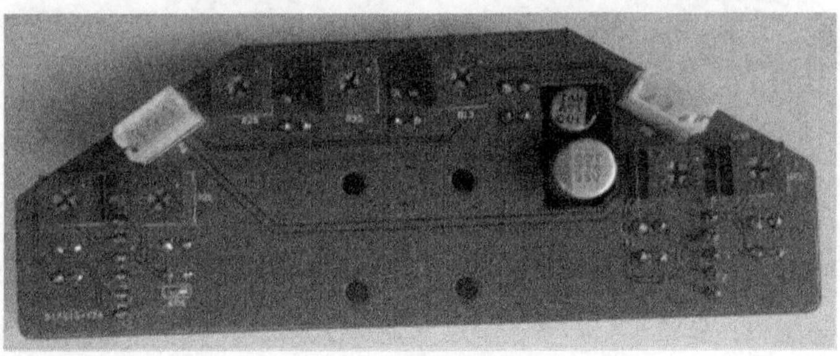

图 4-12 巡线传感器

4.3　实验一 开关量/模拟量传感器实验

1．实验目的

（1）熟悉各类传感器的输出信号。

（2）了解 AD 转换值与传感器输出电压的关系。

2．实验器材

LUBYmini 控制器　1

倾角传感器　1

碰撞传感器　1

三针杜邦线　1

3．实验过程

（1）使用三针杜邦线连接传感器和 LUBYmini 控制器，见图 4-13。

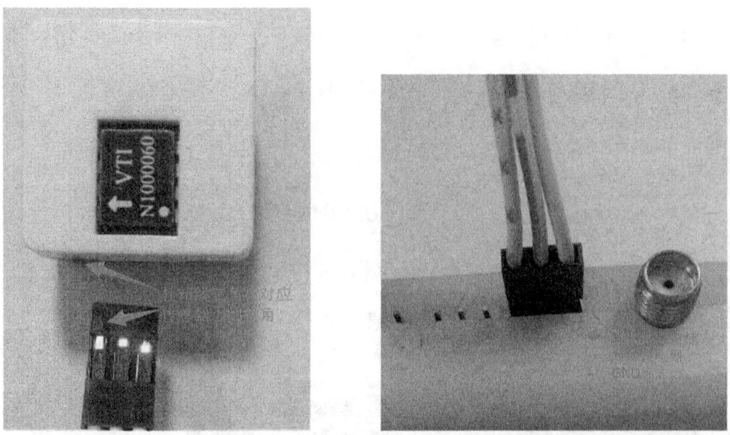

图 4-13　传感器与控制器连接图

（2）打开控制器电源，等待约 3 s，控制器 LCD 屏幕上显示采集到的 AD 值，见图 4-14。

LUBYmini 控制器提供四路 AD 采样接口，10 位精度，因此采集到的数值范围为 0～1 023，对应传感器的输出电压 0～5 V，AD 值 519，大致对应 2.5 V，对比图 4-15 倾角传感器输出特性曲线，可以得知传感器大致在水平位置。

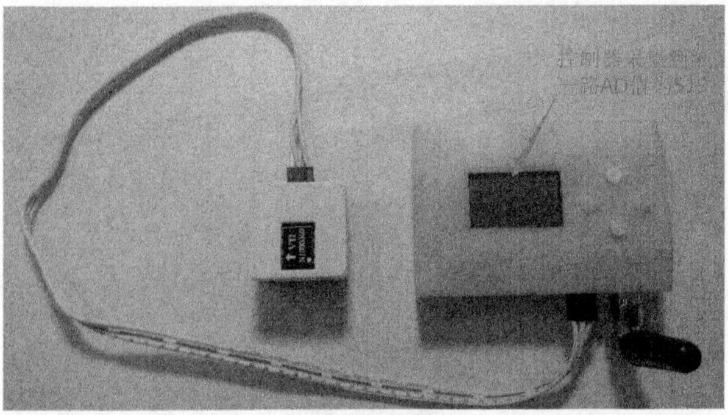

图 4-14　控制器采集的 AD 值

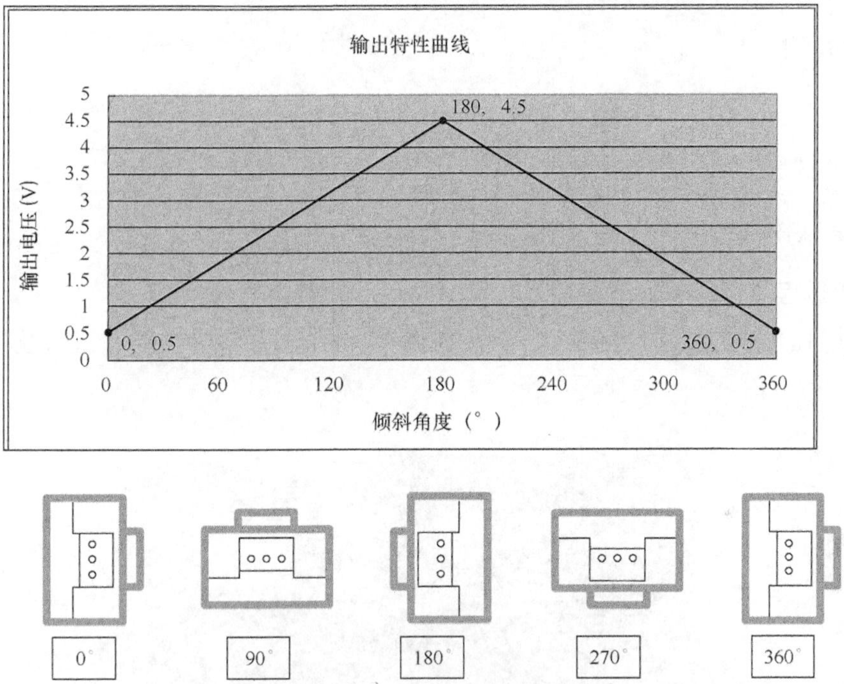

图 4-15　倾角传感器输出特性曲线

（3）按照以上方法，连接碰撞传感器，观察 AD 值有何变化。

提示：碰撞传感器为开关量传感器，理论 AD 值应为 0 或 1023。

4．实验结论

（1）模拟量传感器输出的信号是连续的电压信号，可以通过控制器的 AD 接口读取。

（2）开关量传感器输出的是开关量信号，可以通过控制器的 AD 接口读取。

4.4　实验二 总线型传感器实验

1．实验目的

测试总线型传感器，了解总线型传感器通讯协议。

2．实验器材

RFID 读卡器	1
三针杜邦线（母对母）	1
圆形 RFID 卡	1
PC 机	1
多功能调试器	1
STC-ISP 软件	

3．实验过程

（1）使用杜邦线连接多功能调试器和 RFID 读卡器，并将多功能调试器连接至 PC，见图 4-16。

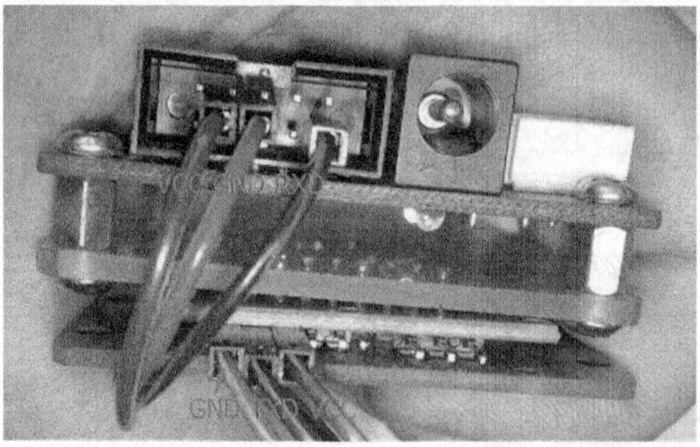

图 4-16　多功能调试器与 RFID 读卡器连接图

（2）打开 STC-ISP 软件，切换至“串口助手”选项卡，按图 4-17 所示设置串口号、波特率、单击“打开串口”。

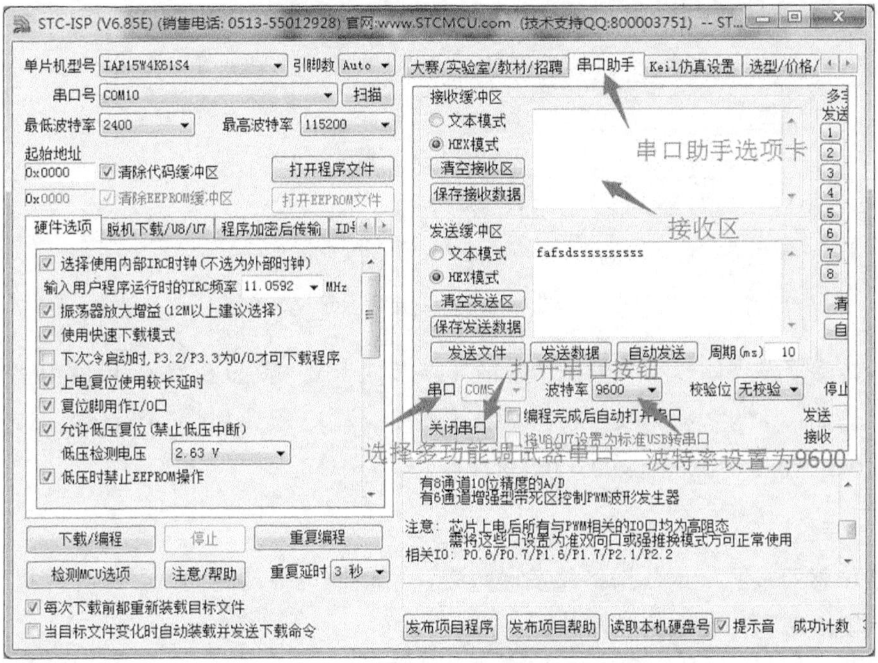

图 4-17 STC-ISP 软件设置

（3）将圆形 RFID 卡放在读卡器上，读卡器绿色灯亮，表示检测到卡片，见图 4-18。

图 4-18 RFID 读卡显示

（4）同时，串口助手接收到来自 RFID 卡的数据，也就是这片 RFID 卡的卡号，每刷一次卡，读卡器发送一次卡号数据，见图 4-19。

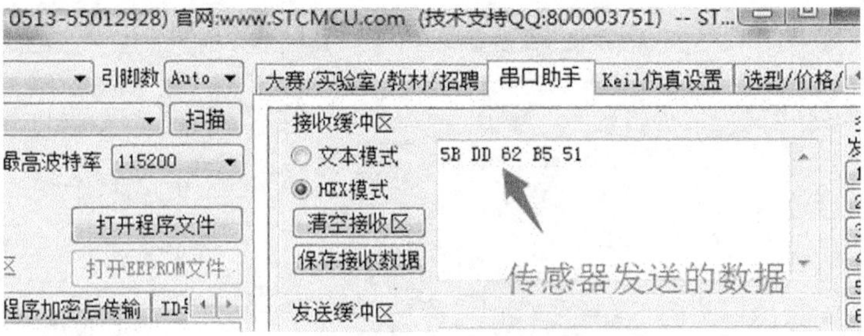

图 4-19　串口接收显示

注意，传感器发送的 5 字节数据中，前 4 字节为卡号（高位在前），最后 1 字节为校验和（异或和）。例如：卡号数据为 0xE0A00890，则读卡器发送 0xE0 0xA0 0x08 0x90 0xD8（校验和计算：0xE0^0xA0^0x08^0x90 = 0xD8）。

4．实验结论

总线型传感器按照一定数据格式发送数据，可以通过多功能调试器在计算机上显示，也可以在控制器上编程，读取传感器数据。

4.5　小结

本节介绍了“卓越之星”包含的传感器种类及各传感器的功能和连接方式，并通过两个实验介绍了开关量/模拟量传感器和总线式传感器的使用方法，读者可参考这两大类不同传感器的使用方法，自己动手利用控制器采集其他传感器的数据。相信通过对不同传感器的使用，读者对于以后不同场景中传感器的选择及使用就会有自己的判断了。

第 5 章 执行器

执行器是自动化技术工具中接收控制信息并对受控对象施加控制作用的装置。自动化设备区别于计算机的一个重要特征，就是能够运动。但是，要运动就必须有动力部件，以及由这些动力部件驱动的结构。本章重点向读者介绍“卓越之星”套件所包含的几种执行器及主要执行器的使用方法。

5.1 “卓越之星”执行器介绍

5.1.1 CDS5516 数字舵机

CDS5516 数字舵机是“卓越之星”的主要执行器，它易用，可靠，并且适用于各种构型。CDS 系列机器人舵机属于一种集电机、伺服驱动、总线式通讯接口为一体的集成伺服单元，主要用于微型机器人的关节、轮子、履带驱动，也可用于其他简单位置控制场合。CDS5516 的特点如图 5-1 所示。

1. 总线通讯的特点

CDS5516 采用半双工串行异步总线通讯，控制器可以通过一个 UART 接口，控制多达 254 个的 CDS5516。这是什么意思呢？我们借用现实中的一个例子来解释。

某学校接到上级要来视察工作的通知，校长为了给领导留个好印象，决定举行一个隆重的欢迎仪式。他让宣传部编排了一些欢迎动作，这些欢迎动作需要 10 个方阵的学生共同表演，并且需要步伐协调，每个方阵由一个老师带领，所有的方阵由宣传部长指挥。带队老师和部长都发一个对讲机，校长有如下几个要求。

① 部长的对讲机调在讲话模式，带队老师的对讲机调在接听模式。

- 大扭矩：0.98N·m(10 kgf·cm) 的持续转动输出扭矩，大于 1.96N·m(20 kgf·cm) 位置保持扭矩
- 高转速：最高 62.5r/min(0.16s/60°) 输出转速
- DC6.5 V~8.4 V 宽电压范围供电
- 0.32° 位置分辨率
- 双端输出轴，适合安装在机器人关节
- 高精度全金属齿轮组，双滚珠轴承
- 连接处 O 形环密封，防尘防溅水
- 位置伺服控制模式下转动范围 0～300°
- 在速度控制模式下可连续旋转，调速
- 总线连接，理论可串联 254 个单元
- 高达 10 000 Bd 通讯波特率
- 0.25 kHz 的伺服更新率
- 兼容 Robotis Dynamixel 通讯协议
- 具备位置、温度、电压、速度反馈

图 5-1　CDS5516 数字舵机

② 部长统一发布方阵的动作指令，比如 A 方阵下蹲、B 方阵摇手、C 方阵站立等。每个带队老师都能听到这些命令，A 方阵带队老师只关心与 A 方阵有关的命令，不理会和 B 方阵有关的命令，否则动作就乱套了。同样，其他方阵的老师也只关心自己方阵的命令，除了要求所有方阵都执行的指令之外。

③ 命令只能由部长发布，任何带队老师不能给其他带队老师发布动作命令。

④ 带队老师不能随便将对讲机调为讲话模式，向部长咨询事情，否则大家都调为讲话模式，就唧唧喳喳地成了一锅粥了。只有在部长要求回答的时候才能回答，回答完毕后立刻将对讲机调回接听模式。

某个风和日丽的日子，领导终于来了。部长按照剧本对方阵老师下命令："所有方阵听指令，我先发布各个方阵的动作，各个方阵记住自己的动作之后先不执行，等我说执行，所有方阵一起执行。现在开始，A 方阵向前走 5 步，B 方阵摇手，C 方阵放气球……现在所有方阵执行动作。"

欢迎仪式动作整齐，配合默契，步伐协调，获得了领导的大加赞赏。

总线是指能为多个功能部件服务的一组信息传输线，它是计算机中系统与系统之间，或者各部件之间进行信息传送的公共通路。它由一定的物理线路和接口、数据协议规范所构成。

① 部长和各个带队老师的对讲机就是这样的物理线路，它让指挥者和执行者之间的通信成了可能。校长发布的几个规定就是总线协议，这个协议让总线不会出现冲突、紊乱，让通

信能够正常完成。CDS5516 的半双工串行异步总线的物理线路是舵机线、UART 接口等，CDS5516 也有一套总线协议，您可以在《CDS5516 数据手册》里看到具体描述。

② 部长发布命令，其他带队老师只能接受命令，不能发布命令，因此我们可以称部长为主机，其他的带队老师是从机，这个总线上只能有一个主机，否则多人发布命令会导致带队老师（从机）不知道听谁的命令好。从机可以有很多，现在有 10 个方阵，如果欢迎仪式的剧本复杂点，可能需要 254 个方阵也不一定。在 CDS5516 的总线上，“创意之星”控制器就是主机，发布 CDS5516 需要执行的命令，比如 ID 为 1 的舵机转 50°，其他舵机不动。CDS5516 就是从机，这个总线可以串联很多 CDS5516，如图 5-1 所示。

③ 这个总线是半双工总线，部长在说的时候，带队老师只能听，带队老师要说话必须将接收机调为讲话模式，部长需要调成收听模式，带队老师说完之后需要立刻切换为收听模式，否则会影响部长发布命令。“创意之星”控制器作为主机，发布 CDS5516 的动作指令，舵机在控制器要求应答时才发送应答数据，发送完成后立刻将自己的接口状态调整为接收状态。

④ 每个方阵都有自己的代号，这就是从机的 ID（地址），主机发布的命令所有从机都可以接收到，但从机只响应和自己 ID 匹配的命令。CDS5516 都有自己的 ID 号，出厂默认都是 1，您可以使用 RobotServoTerminal 软件进行修改，具体操作请查阅《RobotServoTerminal 使用说明》。

⑤ 部长可以让带队老师逐个执行动作，比如让 A 方阵先转向，再让 B 方阵蹲下，也可以让所有的方阵记住他们要执行的动作，然后同时执行，这样效果会比较整齐。“创意之星”控制器也可以让 CDS5516 工作在上述两种模式，这是由总线协议规定的，您可以给 1 号 CDS5516 下达转 50°的命令，给 2 号舵机下达转 30°的命令，然后下达一个命令让所有总线上的 CDS5516 同时开始执行刚才发布的命令，详细协议可以查阅《CDS5516 数据手册》。

通过上述的例子您应该已经了解了 CDS5516 的半双工异步串行总线的意思及其特点。那么总线式的机器人舵机和 R/C 舵机相比有什么优点呢？我们再用上述例子来说明。

R/C 舵机不是总线式的，只能直接连到控制器上，并且占用一个专有端口。这就要求部长必须长 10 张嘴，拿着 10 个对讲机才能给 10 个方阵下命令。我们如果要控制 20 个 R/C 舵机，则您设计的控制器必须具备 20 个 R/C 舵机接口。但总线式舵机不一样，只有一个 CDS5516 接口，理论上就能控制 254 个 CDS5516。为什么说是理论上呢？CDS5516 是需要消耗电能的，在工作的时候最高可能有 2 000 mA 的电流需求，如果在这个总线上接入 254 个舵机的话，同时工作起来，总线上的电流将达到 500 A 的可怕程度。实际上，我们也不可能搭建一个具有 254 个舵机的构型。

2．CDS5516 的使用

CDS5516 采用半双工串行异步总线进行控制，每个舵机都有自己单独的 ID 号，您在机器人构型搭建时需要对 ID 号进行配置，以免机器人的某些关节的 ID 号重叠。博创出厂的 CDS5516 默认 ID 为 1，在“卓越之星”包装盒里有 CDS5516 ID 编号的不干胶，您设好 ID 后请将不干胶粘贴到舵机后盖上，避免遗忘。

CDS5516 有专用的调试环境 RobotServoTerminal，在这个环境下，您可以设置舵机 ID、波特率、工作模式、速度限制、角度限制、电压限制等。本书配套资源“……\卓越之星产品光盘\部件资料汇总\CDS5516 机器人舵机”里有 RobotServoTerminal 详细使用说明和 CDS5516 的数据手册，这些文件将指导您正确使用 CDS5516。

CDS5516 采用总线式通讯，您可以串联使用。使用 R/C 舵机时我们一直很苦恼，如果我们设计的构型有 20 个舵机，我们需要把 20 根线都接到控制器，整个机器人会被长短不一、颜色各异的线所包围缠绕。CDS5516 让我们摆脱了这种窘境，我们可以将“六足爬虫”每条腿上的 3 个 CDS5516 串联在一起，再连到控制器上。我们也可以将机械手的 6 个关节串联成一串，最后用一根线接到控制器上，整个走线非常简单、清晰，可靠性也高很多。

需要注意的是：每个 CDS5516 需要使用不同 ID；每串 CDS5516 的数量不能太多，最好是 6 个以下。正常工作下单个 CDS5516 的电流可能达到 500 mA～1 A，堵转电流可达到 2.5 A，单组 6 个 CDS5516 的工作电流可能达到 3～8 A。这样的电流会让舵机线发热，并产生比较大的电压降，最后一个 CDS5516 可能因为沿途舵机线的分压而导致工作电压过低，CDS5516 在电压过低时会出现复位、数据通讯不正常等状况。

3．CDS5516 的自我保护

CDS5516 还有其他的功能，诸如角度限制、扭矩限制等。在您搭建机器人过程中，这些功能很是重要，某些时候您需要根据构型进行重新配置。

在使用传统 R/C 舵机时，我们经常遇见舵机长时间卡死，导致过热烧毁的现象，这是舵机自我保护功能不完善的一种表现。在实际使用过程中，每一个舵机的使用条件都是不一样的，有些舵机的使用环境非常良好，有些则是工作条件恶劣。比如机械手根部关节，负载远远高于机械手爪。

CDS5516 会实时检测工作电流、负载、温度，借此判断各种工作状态。当出现过载、过热、过压、指令错误等就会发出报警信息，甚至直接卸载以保护舵机。如表 5-1 所示，CDS5516 定义了 7 种错误、危险的工作状态，您可定义 CDS5516 对这 7 种工作状态的应对措施，比如报警、指示灯闪亮、卸载等。

注意：上文提到的“卸载”这个概念，您可以将其理解为“切断扭矩输出”。CDS5516 卸载进入保护模式，意思是 CDS5516 由于出现错误工作状态，进入保护模式，切断舵机的扭矩输出，舵机处于没有力量的状态。卸载这个概念在接下去的章节里还会重复出现。

表 5-1 CDS5516 保护状态说明

名　称	详细说明
0	—
指令错误	收到一个未定义的指令或收到 ACTION 前未收到 REG WRITE 指令
过载	位置模式运行时负载大于最大输出扭矩
校验和错	指令校验和错误
指令超范围	指令超过指定范围
过热	温度超过指定范围
角度超范围	角度超过设定范围
过压欠压	电压超过指定范围

您可以对以上的保护措施进行参数调节，以达到适合使用条件又能保护 CDS5516 的目的。主要有以下 4 个方面。

（1）角度限制。CDS5516 在舵机模式下，有效角度控制范围是 0～300°，对应控制量为 0～1 023。在某些运用场合，您可能需要限制舵机的转角，比如舵机转过 200°之后可能出现卡死，您需要将角度限制设置为 0～682（控制量 682 对应角度 200°），当您的控制指令在 0～682 之间，舵机能够按照您的指令运动；您的指令如果超过 682，舵机将保持到 682 位置，不会往更高角度运转。

（2）电压限制。您可以设置 CDS5516 的工作电压范围，由于硬件设计的限制，CDS5516 的工作电压是 6.5 V～10.5 V，低于 6.5 V CDS5516 将不能正常工作，高于 10.5 V 会烧毁 CDS5516。您设定好电压限制之后，当 CDS5516 上的加载电压高于或低于此范围舵机将会置位于错误标志位，软件的“电压超范围”指示灯会点亮。

（3）温度限制。CDS5516 能够检测自身工作温度，温度过高可能会烧毁舵机。您可以设置正常工作温度范围，当 CDS5516 检测到温度过高后，舵机将会强制卸载停止工作。

（4）转矩限制。“转矩限制”限制了 CDS5516 的最大工作电流，起到限制 CDS5516 的最大输出扭矩的作用。在机器人手掌关节或需要长时间堵转的场合常常用到这个功能，默认为最大值 1 023，即为最大扭矩输出。通过限制扭矩大小，您可以让机械手爪能够抓起草莓，而又不会将草莓捏碎。

4．CDS5516 的调试设置软件

CDS5516 的基础参数设置、保护参数调节、性能测试等都可以通过 RobotSevo Terminal 软件（如图 5-2 所示）来实现。您可以在本书配套资源“……\卓越之星产品光盘\部件资料汇总\CDS5516 机器人舵机”里找到软件和软件帮助说明。

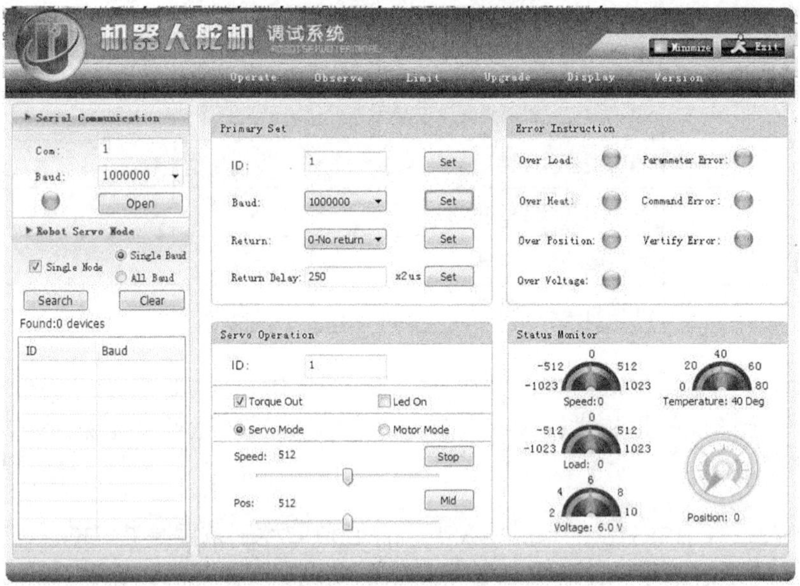

图 5-2　RobotSevo Terminal

5.1.2　LED

LED 灯即发光二极管，其工作原理与普通二极管相似，由两路信号组合控制其发光颜色，每路信号正极连着 VCC，负极外接信号，当 CPU 给信号端发出一个指令为 0 的信号时，LED 的负极电压与地相同，当 CPU 给信号端发出一个指令为 1 的信号时，其负极电压为 VCC，这时二极管两端电压为 0。LED 灯的亮和灭对应着数字信号的 0 和 1。

- 类型：开关量执行器。
- 功能：RGB（红绿蓝）三色 LED。

- 接口：双排三针杜邦线接口。
- 线序：如图 5-3 所示，两路信号，每路信号从左至右依次为 GND、VCC(+5 V)、SIG。

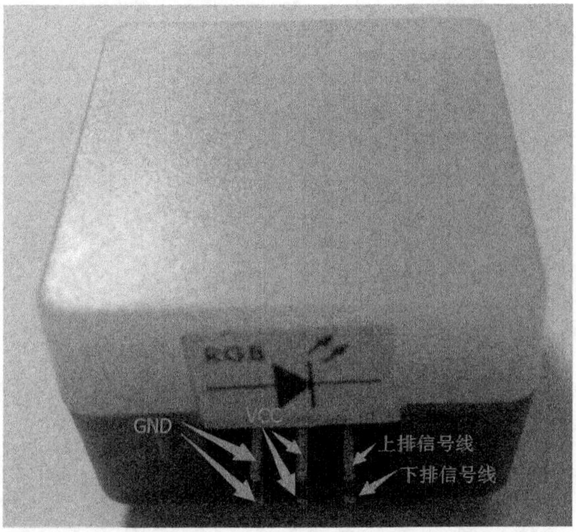

图 5-3 LED 线序

- 发光颜色：根据两路信号组合不同颜色不同，各组合对应的颜色如表 5-2 所示。

表 5-2 各组合对应的颜色

电平（上排）	电平（下排）	发光颜色
1	0	绿色
0	1	红色
1	1	蓝色

5.1.3 电磁铁

电磁铁是可以通电流来产生磁力的器件，在日常生活中具有广泛的应用，电磁铁根据通电类型可分为直流电磁铁和交流电磁铁两种。“卓越之星”中配备了直流电磁铁（如图 5-4 所示），通过数字信号控制电磁铁磁性有无，达到吸附有磁性物体并实现搬运的执行功能。

- 类型：开关量执行器。
- 功能：产生磁场，吸附工件。

- 接口：三针杜邦线（母头）。
- 线序：杜邦线头带三角一侧为 GND（连接时对应控制器输出接口的三角标志）、向另一侧依次为 VCC（电源输入）、SIG（控制信号输入脚）。
- 使用方法：信号输入为低（0 V）时，电磁铁无磁性，输入为高（5 V）时，电磁铁有磁性。

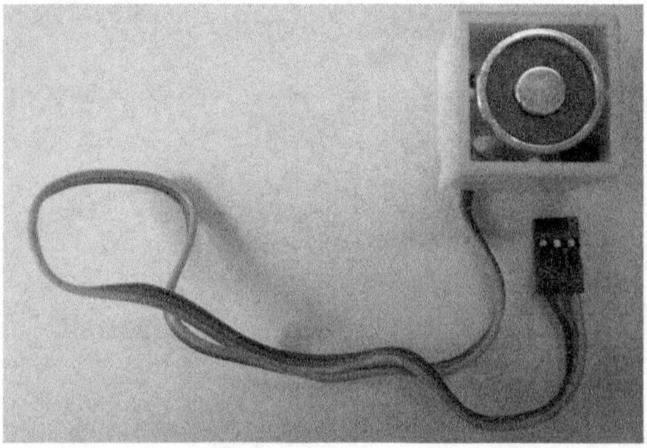

图 5-4　电磁铁

5.1.4　输送带

输送带，又称运输带，是用于皮带输送带中起承载和运送物料作用的橡胶与纤维、金属复合制品，或者是塑料和织物复合的制品。输送带广泛应用于水泥、焦化、冶金、化工、钢铁等行业中输送距离较短、输送量较小的场合。输送带能连续化、高效率、大倾角运输，操作安全，使用简便，维修容易，运费低廉，并能缩短运输距离，降低工程造价，节省人力物力。

“卓越之星”每套配备了一条输送带（如图 5-5 所示），用于搭建模拟工业生产的构型，其控制简单、方便，能更好的帮助读者快速搭建相应的场景构型。

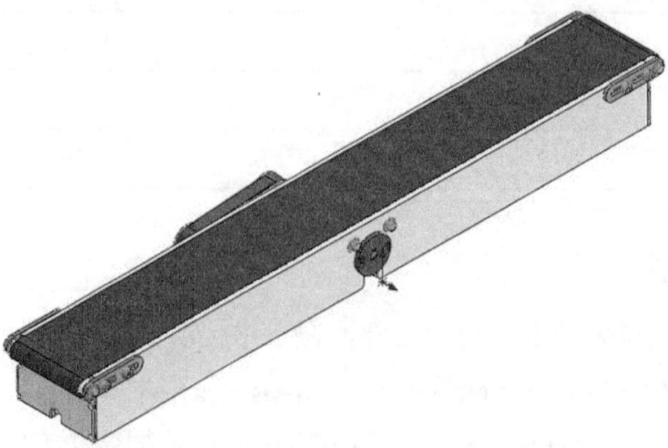

图 5-5　输送带

- 类型：数字量执行器。
- 功能：驱动输送带电机运转。

- 接口：双排三针杜邦线接口。
- 线序：面向输送带正面，接口一侧朝下，靠近观察者一侧的排针为上排，每排从左至右分别为信号输入、5 V、GND。
- 使用方法：根据两排信号排列，控制输送带不同的运动方式，其控制逻辑参考表 5-3。

表 5-3　输送带控制逻辑

上排	0	0	1	1
下排	0	1	0	1
状态	停止	正转	反转	停止

5.2　CDS5516 舵机实验

1．实验目的

（1）熟悉舵机的接线。

（2）熟悉 RobotServo Terminal 软件的使用。

2．实验器材

多功能调试器（含 USB AB 线）1

舵机线　　1

舵机（任意 ID 号）　　1

12V 电源　　1

3．实验过程

使用多功能调试器的舵机调试功能，可以方便地对舵机进行设置和调试，步骤如下。

步骤 1　安装 RobotServoTerminal2.1.10.330_Setup.exe 软件（来自配套资源）。

步骤 2　使用 USB 线连接多功能调试器和 PC 机，使用舵机线连接 LUBY 控制器和舵机，并使用 12 V 电源为多功能调试器充电（如图 5-6 所示）。

步骤 3　打开 RobotServoTerminal 软件，软件界面如图 5-7 所示。

图 5-6　连线图

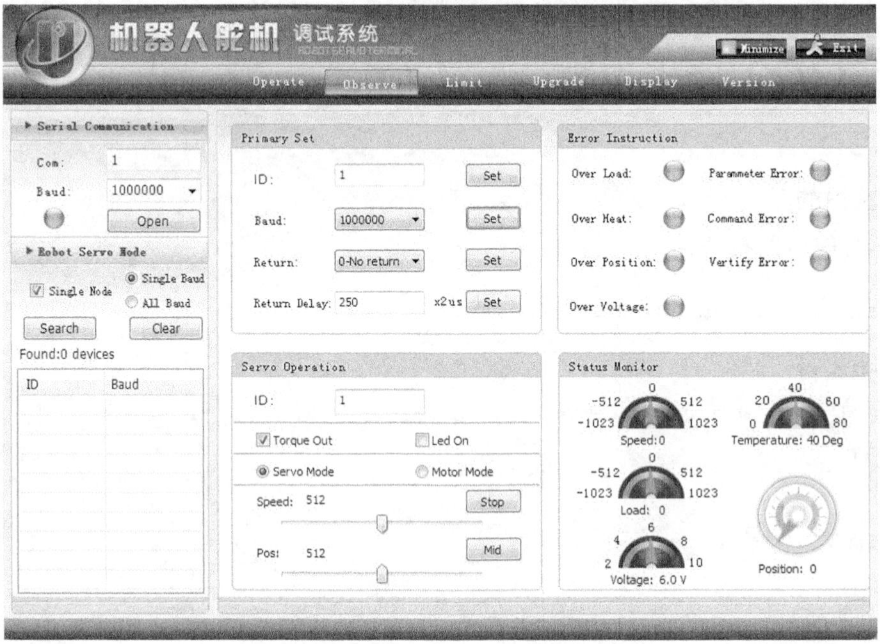

图 5-7　RobotServoTerminal 软件界面

步骤 4　右键单击“计算机”，依次选择“属性”→“设备管理器”→“端口（COM 和 LPT）”，确定多功能调试器所在端口如图 5-8 所示。

图 5-8　串口号

回到 RobotServoTerminal 软件界面，在“Com”输入框内填入上一步获取的多功能调试器端口号，在“Baud”一栏中选择 1 000 000（舵机通信波特率），单击“Open”按钮，可以看到连接状态由绿色变为红色，表示连接成功（如图 5-9 所示）。

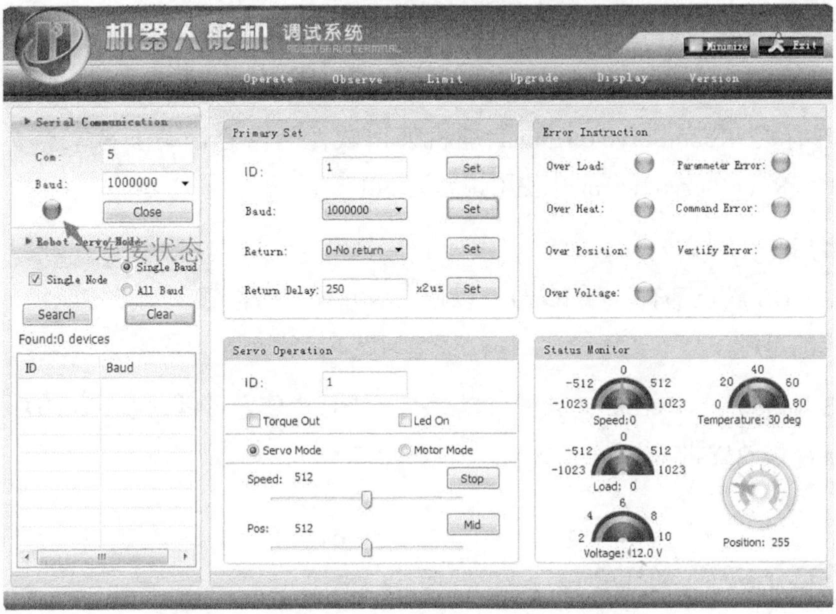

图 5-9 连接成功

单击“Search”按钮，软件会搜寻连接在舵机总线上的舵机并显示在表格中，如图 5-10 所示（此例中找到一个 ID 号为 1 的舵机，实际实验可能是其他 ID 号）。

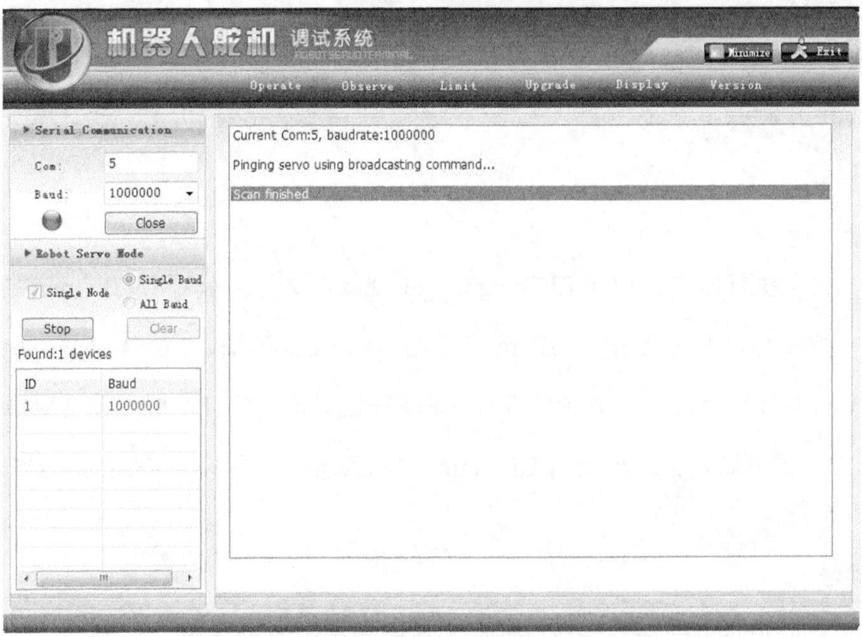

图 5-10 搜索舵机 ID 号

单击“Stop”停止搜索舵机，在“Servo Operation”栏中填写舵机 ID 号，选择舵机模式（此处选择“Servo Mode”），左右拖动“Pos”滑动条，可以看到舵机会随着转动。

获取更多有关 RobotServoTerminal 舵机调试软件的内容，请参考文档“PROM.CDS-100326-YHSC（RobotServoTerminal 使用说明）.pdf”。

4. 实验结论

（1）每个 CDS 舵机都有一个 ID 号，以便在级联使用时能够识别指定舵机，这也是 CDS 可以级联使用的基础。

（2）使用 RobotServoTerminal 软件可以对舵机进行操作，可以读取舵机 ID 号，测试舵机是否工作正常，修改舵机 ID 号等。

5.3 其他执行器实验

1. 实验目的

了解卓越之星执行器的功能、使用方法。

2. 实验器材

LED 模块	1
LUBYmini 控制器	1
三针杜邦线	2

3. 实验过程

步骤 1　将“执行器实验程序 LED\zigbee_test.hex”文件下载到 LUBYmini 控制器。

步骤 2　按图 5-11 所示连接 LUBYmini 控制器和 LED 模块。

步骤 3　打开控制器开关，等待约 3 s，LED 开始交替变换红、绿、蓝 3 种颜色。

LED 的控制逻辑如表 5-2 所示，LUBYmini 控制器所做的事情，就是按照逻辑表驱动 LED（见程序截图 5-12）。

4. 实验结论

（1）可以按照执行器的控制逻辑，在控制器上编程驱动执行器。

（2）LED、电磁铁需要开关量信号来控制（低频），而蜂鸣器需要高频（在人听觉范围内）方波控制。

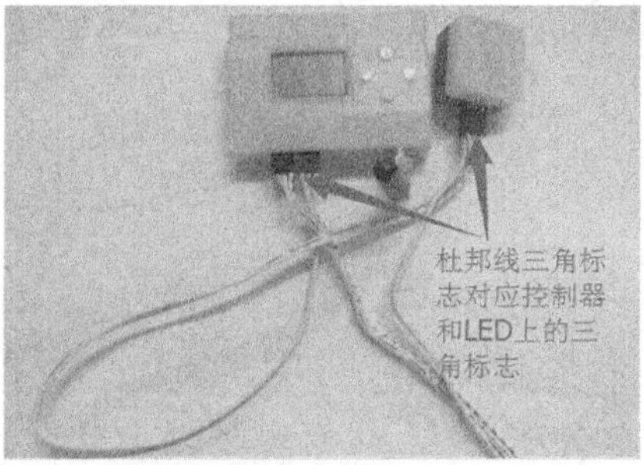

图 5-11　接线图

```
while(1)
{
  io1 = 0;
  io2 = 1;
  Delayms(1000);
  io1 = 1;
  io2 = 0;
  Delayms(1000);
  io1 = 1;
  io2 = 1;
  Delayms(1000);
  io1 = 0;
  io2 = 0;
  Delayms(1000);
}
```

图 5-12　程序截图

5.4　小结

本章介绍了“卓越之星”包含的执行器的功能和控制方式，并通过实验让读者了解了 CDS5516 数字舵机和 LED 灯的使用，读者可根据电磁铁和输送带的说明，结合控制器尝试让它们动起来。相信通过本章的学习，读者对于如何选择合适的执行器去让自己的构型更好地运动会有一个清晰的认识。

第 6 章 软件编程

像计算机一样，要控制自动化设备也需要有控制软件，要编写软件就得要用计算机语言。我们常把计算机语言分成以下几类：机器语言，指计算机中用二进制表示的数据或指令，计算机可以直接执行；自然语言，类似于人类交流使用的语言，常用于表示算法；高级语言，介于机器语言与自然语言之间的编程语言。

程序设计语言大致可以分为面向过程的程序设计语言和面向对象的程序设计语言两大类。面向过程的程序设计语言中，程序的执行总是从一个主控模块开始，该主控模块就像是一个家庭的户主，负责整个程序的执行流程的管理，包括程序的开始执行、运行过程以及运行结果的最终输出等。而面向对象的程序设计语言则模拟现实世界的对象交流方式，先定义同类对象的模板，即程序设计语言中的类，然后由类产生对象，通过对象之间的消息通信及交互实现整个程序的功能。通常，面向过程的语言在解决小规模的问题上非常精确、方便，但对于大型、复杂问题有点力不从心。而面向对象的程序设计语言对于解决大规模的问题，比较方便和快捷。

“卓越之星”搭建的各种自动化构型，均是由构型自身搭载的控制器来控制，常用的是面向对象的设计语言——C 语言。

“卓越之星”提供了两种编程方式：①使用通用编程软件 Keil μVision4 MDK；②使用图形化编程软件 Crater。使用 Keil μVision4 MDK 需要用户具备一定的单片机 C 语言编程基础，产品配套的 USDG（Uptech Software Development Guide）包含了用户编写控制程序需要的函数库，用户可以很方便地查询需要的 API 函数，编写控制程序。Crater 是专门为“卓越之星”开发的一款图形化编程软件，每个控制函数都被封装成图块，用户直接拖动需要的模块并连接起来就可生成控制程序，简单易用，适合 C 语言刚入门的用户。

6.1　USDG 介绍

USDG（Uptech Software Development Guide）是用于 LUBY 控制器编程的帮助文档，包含了基于 LUBY 控制器的函数库、硬件构成、综合实验等内容，在编程过程中，可以很方便地在 USDG 中查找所需要的 API 函数，或参考“综合案例”，编写自己的 LUBY 控制器程序。图 6-1 为 USDG 的界面。

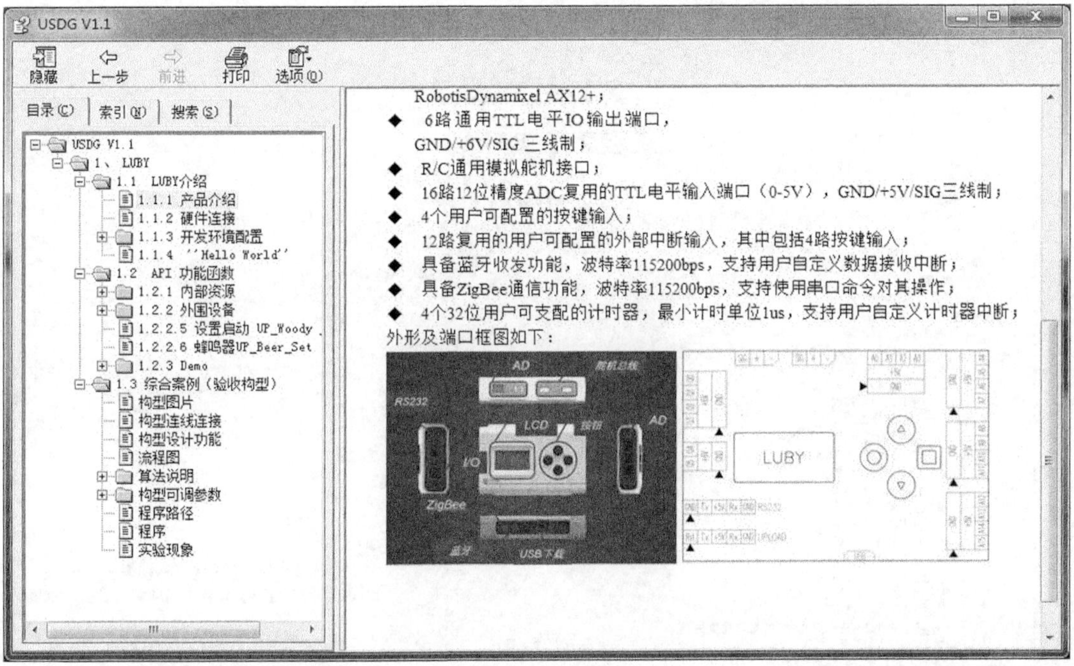

图 6-1　USDG

USDG 是标准版的 chm 格式文档，可以单击“+”号展开感兴趣的目录，如图 6-2 所示。

单击目录展开后的函数，可以打开函数的相关内容（如参数说明、返回值等），如图 6-3 所示。

读者可在本书的配套关盘中找到 USDG 电子文档及文档中的实验参考程序源码。

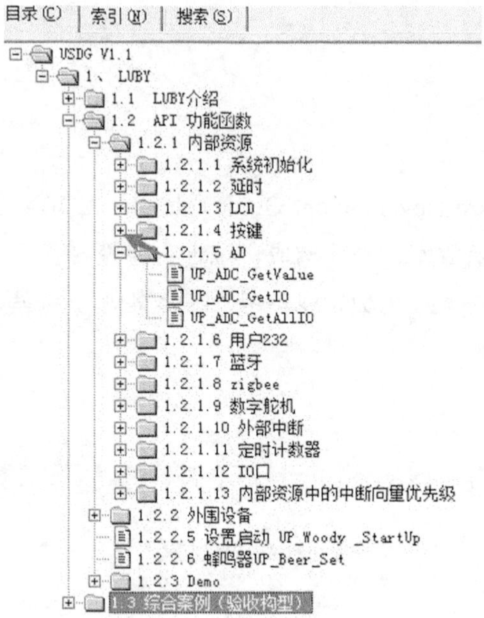

图 6-2 USDG 目录

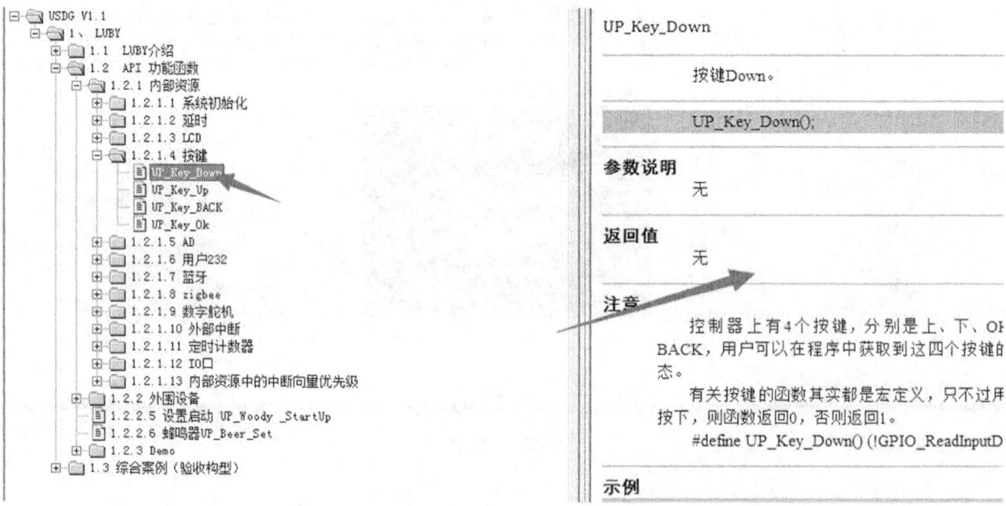

图 6-3 函数说明

6.2 Crater 图形化编程软件

Crater 图形化编程软件（以下简称 Crater）是一个图形化交互式控制程序开发工具。在软件中，通过鼠标拖动类似逻辑框的控件和对控件做简单的属性设置，就可以快捷地编写控制程序。程序编辑完后，可以编译并下载到“卓越之星”控制器中运行。软件编程环境具有操作简便、功能强大的特点，能让您在图标拖动中创建复杂的逻辑，让您的构型按照您的意愿动作。

本程序默认包含标题栏、工具栏、工具箱、绘图区、代码区、输出窗口、状态栏等。软件界面如图 6-4 所示。

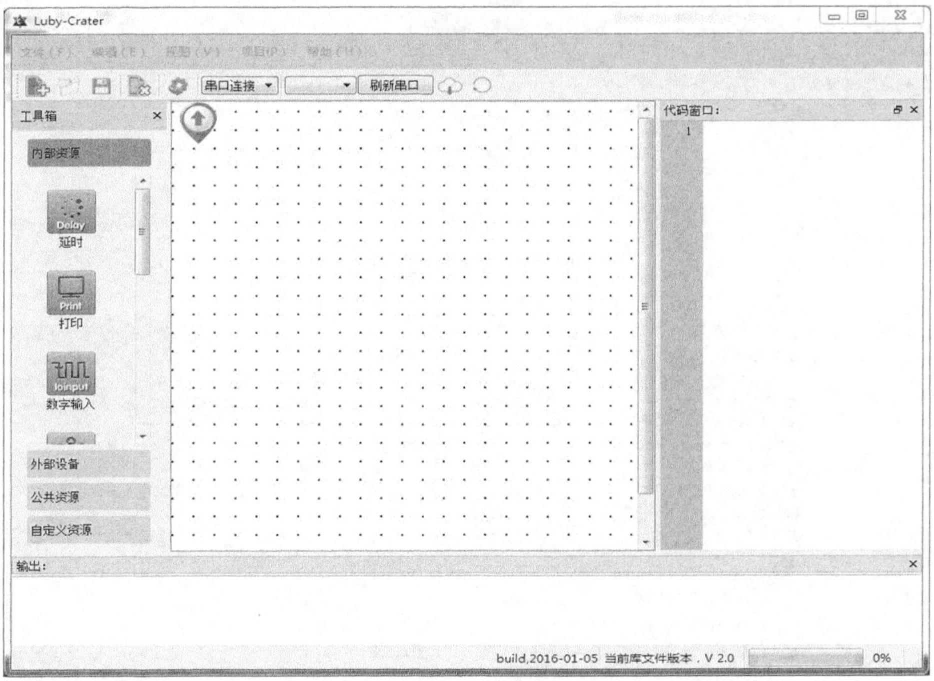

图 6-4 Crater 界面

Crater 主要采用模块图——代码的结构。用户在视图区拖出模块图，程序便在右侧生成代码，如图 6-5 所示。

Crater 的代码区是基于 USDG 强大的函数封装功能实现的（见 USDG 文档）。软件根据用户连接的模块图生成基于 USDG 和 C 语言的代码。此代码保存为文件后，我们将在用户需要编译的情况下调用 ARM 编译器将它编译成 LUBY 控制器需要的文件，并且在用户需要的情况下下载到控制器里供用户选择使用。

Crater 代码区所生成的函数大部分都是基于 USDG 封装好的，部分库函数如图 6-6 所示。

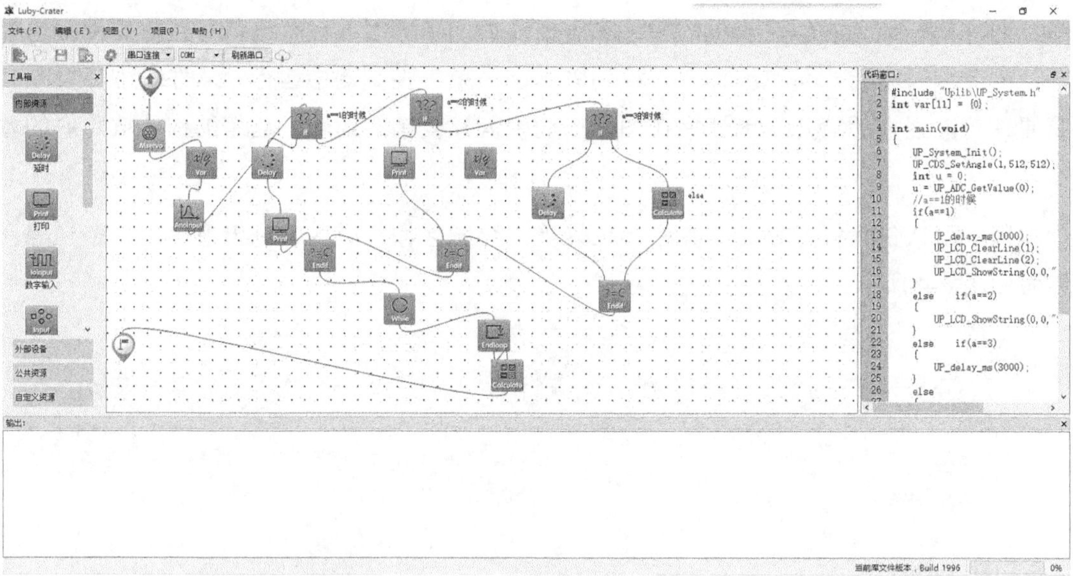

图 6-5　C 语言代码生成

STM32Lib	2015/8/3 15:46	文件夹	
UP_ADC.c	2015/8/3 13:48	C Source file	8 KB
UP_ADC.h	2015/8/3 13:48	C++ Header file	1 KB
UP_Beer.c	2015/8/3 13:48	C Source file	1 KB
UP_Beer.h	2015/8/3 13:48	C++ Header file	1 KB
UP_Bluetooth.c	2015/8/3 13:48	C Source file	2 KB
UP_Bluetooth.h	2015/8/3 13:48	C++ Header file	1 KB
UP_CDS5500.c	2015/8/3 13:48	C Source file	4 KB
UP_CDS5500.h	2015/8/3 13:48	C++ Header file	1 KB
UP_Exti.c	2015/8/3 13:48	C Source file	5 KB
UP_Exti.h	2015/8/3 13:48	C++ Header file	2 KB
UP_Globle.c	2015/3/2 11:55	C Source file	4 KB
UP_Globle.h	2015/3/2 11:54	C++ Header file	2 KB
UP_IOout.c	2015/8/3 15:40	C Source file	6 KB
UP_IOout.h	2015/8/3 13:48	C++ Header file	1 KB
UP_it.c	2015/8/3 13:48	C Source file	9 KB
UP_Key.c	2015/8/3 13:48	C Source file	2 KB
UP_Key.h	2015/8/3 13:48	C++ Header file	1 KB
UP_LCD.c	2015/3/2 11:44	C Source file	14 KB
UP_LCD.h	2014/11/12 14:28	C++ Header file	2 KB
UP_Letters.h	2015/8/3 13:48	C++ Header file	8 KB
UP_MP3.c	2015/8/3 13:48	C Source file	4 KB
UP_MP3.h	2015/8/3 13:48	C++ Header file	1 KB
UP_NVIC.c	2015/8/3 13:48	C Source file	5 KB
UP_NVIC.h	2015/8/3 13:48	C++ Header file	1 KB
UP_PWM.c	2015/8/3 13:48	C Source file	6 KB
UP_PWM.h	2015/8/3 13:48	C++ Header file	1 KB
UP_RFID.c	2015/8/3 13:48	C Source file	4 KB
UP_RFID.h	2015/8/3 13:48	C++ Header file	1 KB
UP_System.c	2015/8/3 13:48	C Source file	2 KB
UP_System.h	2015/8/3 15:40	C++ Header file	2 KB
UP_Timer.c	2015/8/3 13:48	C Source file	10 KB
UP_Timer.h	2015/8/3 13:48	C++ Header file	1 KB
UP_UART.c	2015/8/3 13:48	C Source file	12 KB

图 6-6　部分库函数

6.2.1 开发环境搭建

首先双击安装文件“Luby_Crater_Setup.exe”（读者可在本书配套资源中找到 Crater 安装程序）选择安装语言，如图 6-7 所示。

单击“OK”，出现安装向导界面，如图 6-8 所示。

图 6-7　选择语言

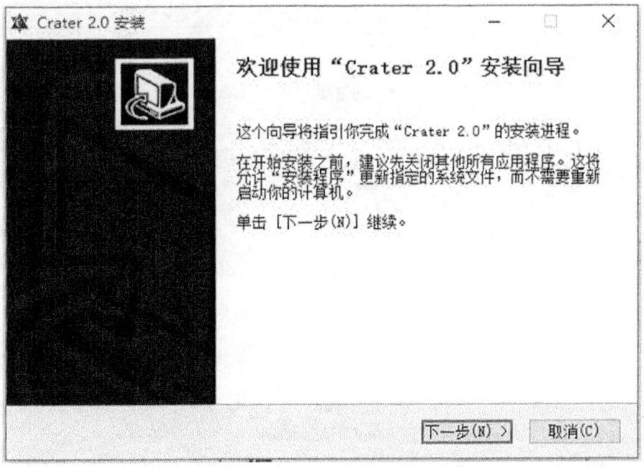

图 6-8　Crater 安装向导

单击“下一步”，出现许可证协议界面，如图 6-9 所示。

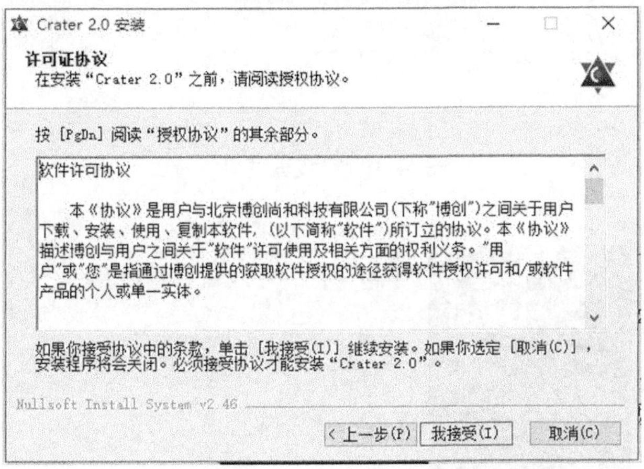

图 6-9　Crater 许可证协议

单击“我接受”，进入安装位置选择，如图 6-10 所示。

选择安装位置并单击“安装”，开始安装软件并显示安装进度，如图 6-11 所示。

最后显示安装完成，如图 6-12 所示。

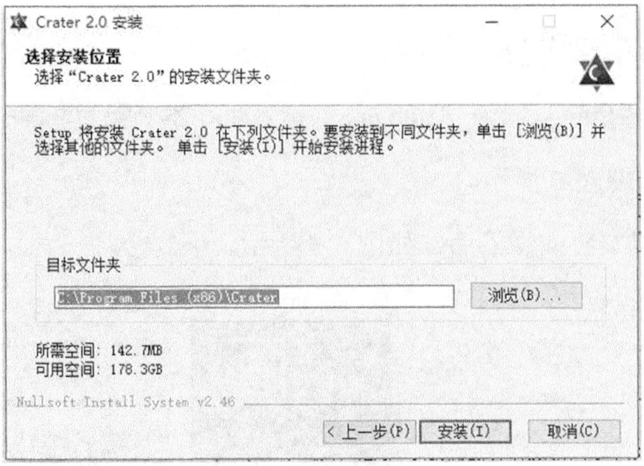

图 6-10　选择安装位置

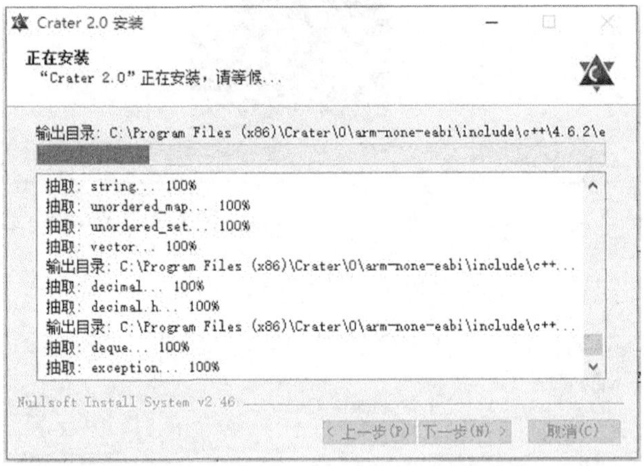

图 6-11　安装进度显示

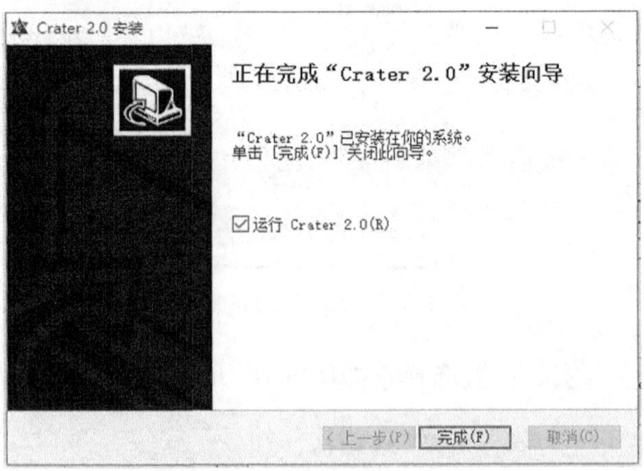

图 6-12　安装完成

6.2.2　软件使用介绍

Crater 软件界面的风格与常见的 Windows 应用软件类似，最上面是菜单栏和工具栏，最下面是状态栏及信息提示栏，中间部分的最左边是流程图工具箱（即控件库），中间是程序设计工作区，右边是流程图程序对应的 C 语言代码显示区。

单击“菜单栏”中的“帮助”，在下拉菜单中单击“帮助”（如图 6-13 所示）就可打开 Crater 的帮助文档，帮助文档（如图 6-14 所示）中有对软件功能的详细说明，在此不再一一重复。

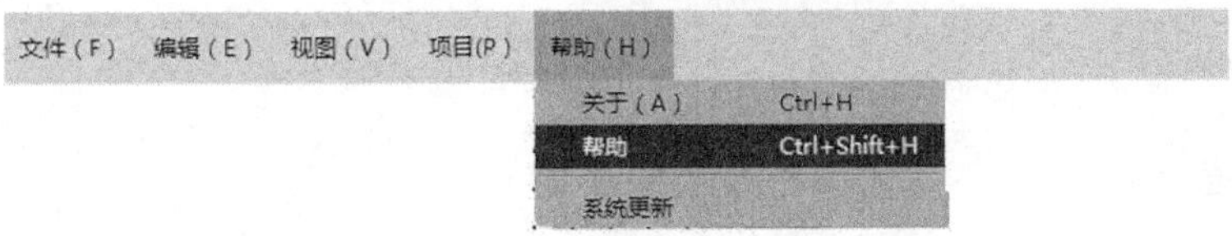

图 6-13　“帮助”菜单

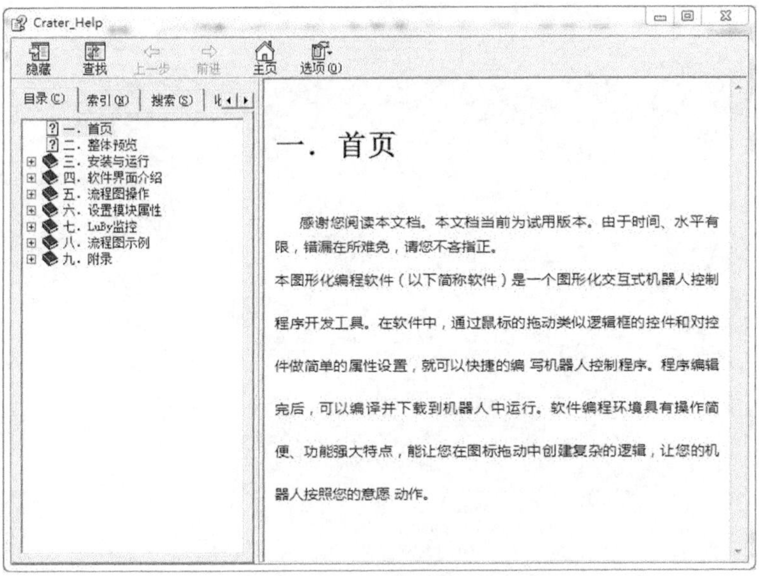

图 6-14　帮助文档

下面我们通过一个实验来让大家初步了解 Crater 软件的使用。

6.2.3　Crater 软件设计实验

1. 实验目的

熟悉 Crater 软件操作。

2. 实验器材

计算机（安装 Crater 软件，有一个 USB 口）	1
多功能调试器（含 USB AB 线）	1
舵机线	1
红外接近传感器	1
舵机（ID 号设置为 1）	1
LUBY 控制器	1
LUBY 控制器电池	1

3. 实验过程

步骤 1　运行 Crater，创建工程文件“demo”，单击“确定”(如图 6-15 所示)，进入编程环境。

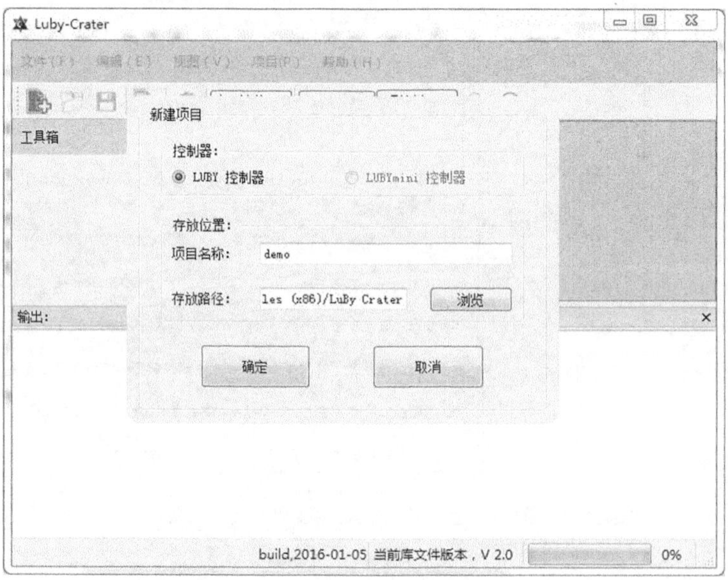

图 6-15　新建项目

步骤 2　从左侧“工具箱”中的“公共资源”中找到“变量”模块，拖动“变量图标”到中间编程区域，如图 6-16 所示。

说明：在工具箱窗口要创建的模块图标上按下鼠标左键，拖动到流程图编辑窗口松开鼠标（此时光标变为要创建的模块图标），即可创建一个该模块。

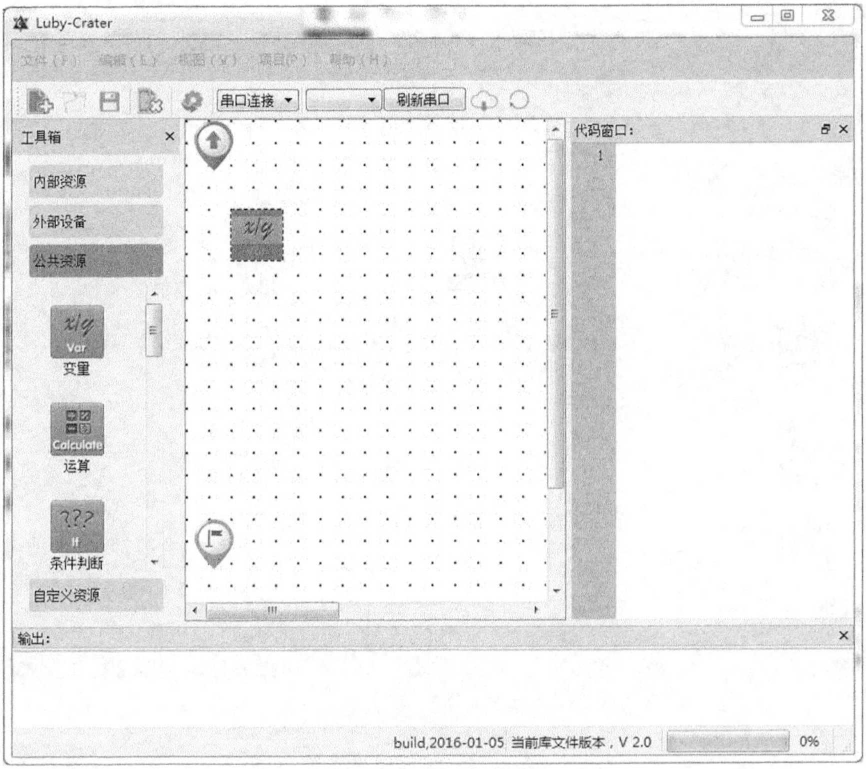

图 6-16　添加变量

步骤 3　双击拖动到编程区域的“变量”图标，弹出设置窗口，将“变量名称”设置为“demo_n”，如图 6-17 所示，单击“确定”。连接“开始”与“变量”图标，如图 6-18 所示。

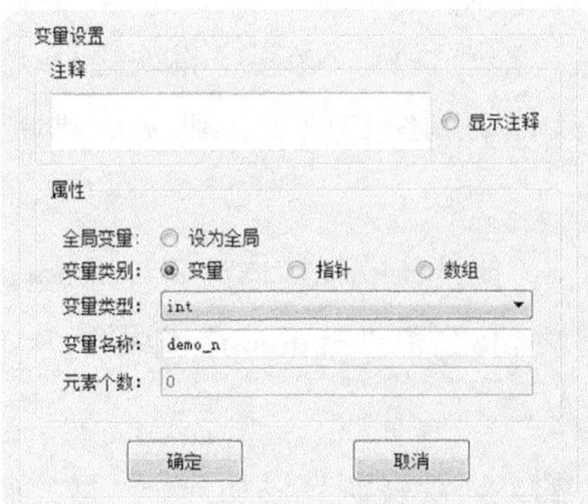

图 6-17　设置变量

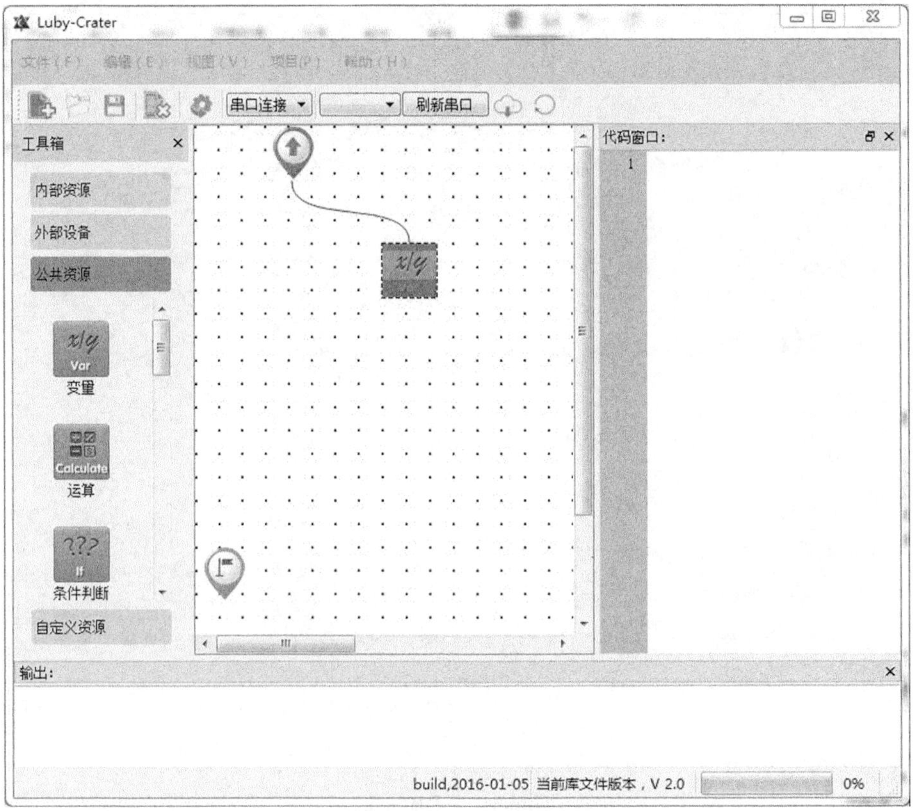

图 6-18　连线

说明：在流程图编辑区中选中要连接的起点模块，模块图标上下会显示红色区域，将鼠标放到红色区域按住左键不放，移动鼠标到要连接的终点模块（此过程中从起点模块的到光标位置有一条直线），松开鼠标，这两个模块之间就会出现一条曲线，此时两个模块之间已经建立连接。如果拖动到空白位置，则无法建立连接，松开鼠标后不会有曲线出现。

步骤 4　创建一个循环结构，使设计的程序连续不停地运行，拖动“公共资源”中的“条件循环”到编程区，其包含“While”和“Endloop”即循环开始和结束两个模块，并将其连接到程序中，如图 6-19 所示。

步骤 5　从“工具箱”中的“内部资源”添加一个“数字输入”模块到程序中，用来查询开关状态，并设置端口号为 0，如图 6-20 所示，连接该模块到程序中。

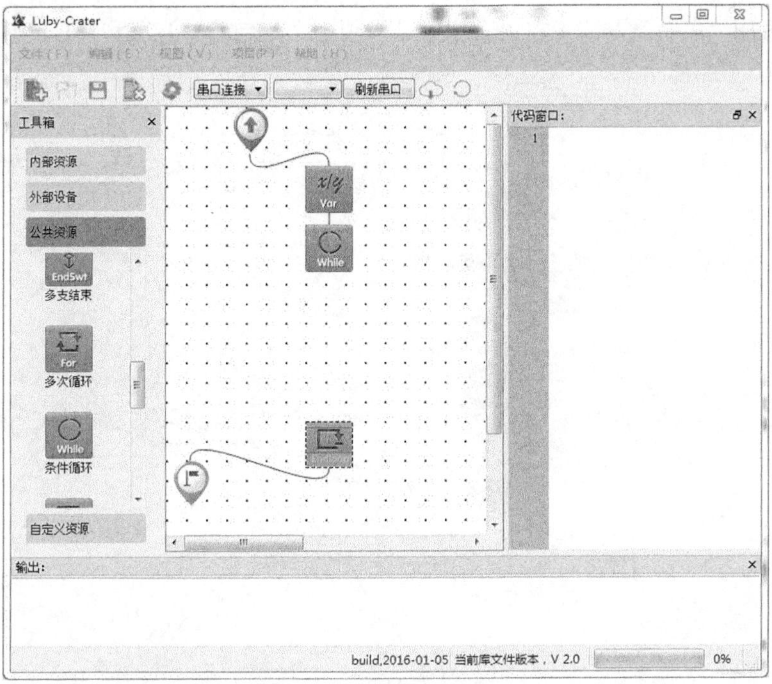

图 6-19　增加“条件循环”

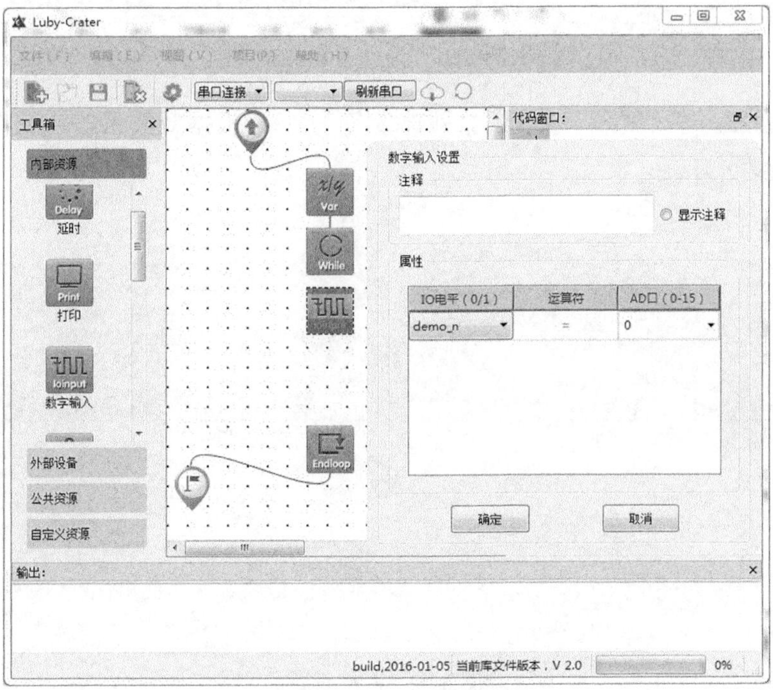

图 6-20　增加“数字输入”

步骤 6　添加“条件判断”（在“公共资源”中），其包含“If”和“EndIf”两个模块，在“If”中设置判断条件为“demo_n==1”，并连接“条件判断”到程序中，如图 6-21 所示。

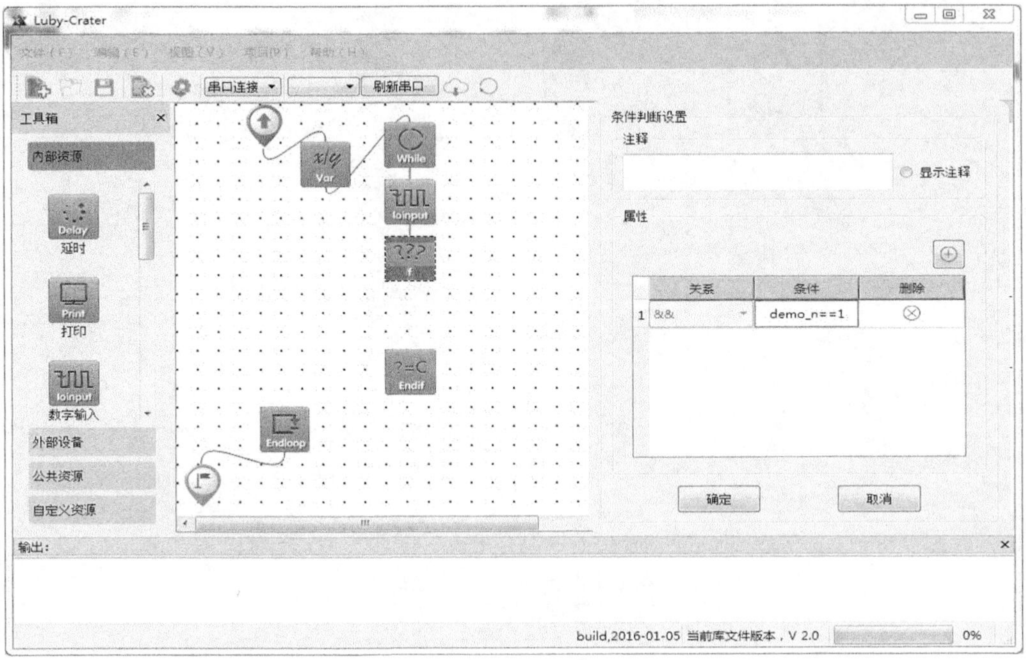

图 6-21　条件判断设置

步骤 7　添加两个“舵机”模块（“外部设备”中），根据开关状态让舵机正转或反转，设置属性如图 6-22 所示。

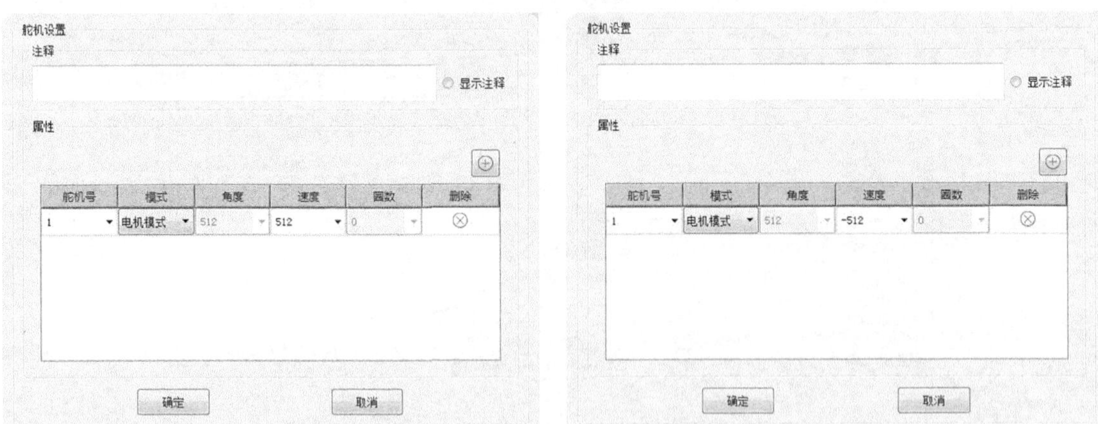

图 6-22　舵机设置

步骤 8 添加一个延时模块“Delay”（“内部资源”中），让舵机有时间执行动作，在“Delay”模块中，设置时间为 1 000 ms，如图 6-23 所示。

图 6-23 延时设置

步骤 9 连接所有模块，完整程序如图 6-24 所示。

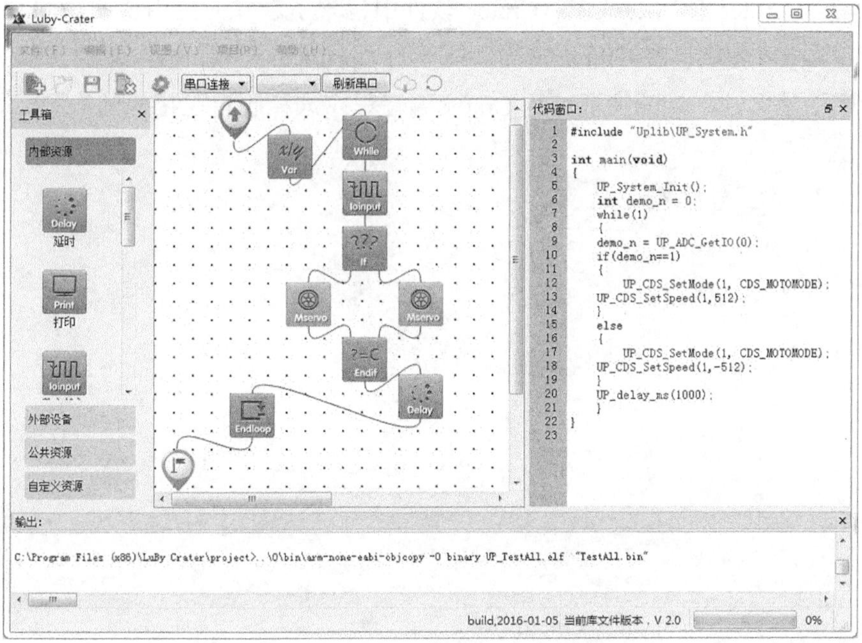

图 6-24 完整的程序

步骤 10 单击“菜单栏”中“项目”下拉菜单里的“编译项目”，编译完成后生成可执行文件。

步骤 11 根据 3.3.2 所述，连接好计算机、LUBY 控制器和多功能调试器，单击“菜单栏”中 “项目”下拉菜单里的“下载项目”即可将程序下载到控制器中。

步骤 12 根据 4.2.8 所述将红外接近传感器接到 LUBY 控制器的 AD0，将舵机接到控制器舵机控制接口，即可观察程序运行结果：当红外接近传感器未探测到障碍物时，舵机向一个方向转动，当红外接近传感器探测到障碍物时，舵机向反方向转动。

4．实验结论

（1）Crater 采用图形化编程方式，拖动一些封装好的模块，即可编写控制器程序。

（2）图形化编程过程中，可生成 C 语言代码，方便用户检查程序逻辑，并学习对应关系。

6.3 小结

本章介绍了“卓越之星”的编程方式，重点介绍了图形化编程软件 Crater，并通过一个实验加深读者对 Crater 使用的认识。Crater 软件中包含了软件的使用说明，同时也包含了各个模块的使用 demo 程序（在 Crater 安装目录下的“pro/crater_demos”文件夹中）。相信读者通过一段时间的熟悉，一定能灵活使用 Crater 编写程序来控制自己搭建的构型。

第 2 篇

实战篇

第 7 章 初级实验

7.1 旋转机械手

7.1.1 实验综述

机械手是能模仿人手和臂的某些动作功能，用以按固定程序抓取、搬运物件或操作工具的自动操作装置，如图 7-1 所示。机械手首先是从美国开始研制的，1958 年美国联合控制公司研制出第一台机械手。工业机械手是工业机器人的一个重要分支，它的特点是可通过编程来完成各种预期的作业任务，在构造和性能上兼有人和机器各自的优点，尤其体现了人的智能和适应性。机械手作业的准确性和在各种环境中完成作业的能力，使其在国民经济的各个领域都有着广阔的发展前景。机械手按驱动方式可分为液压式、气动式、电动式、机械式。自由度是机械手的重要参数，自由度越多，机械手的灵活性越大，通用性越强。舵机由于可以通过程序控制其转角，因而被广泛应用于各类机械手中，在现代工业生产中发挥着不可替代的作用。

图 7-1　机械手

7.1.2 实验部分

1. 实验目的

（1）了解机械手的基本机构。

（2）学会机械系统自由度分析。

（3）学会使用舵机驱动机械手机构的方法，学会分析舵机转动角度和机械手运动之间的关系。

（4）进一步熟悉对舵机控制的方法。

2．实验原理

机械手控制系统是通过对驱动机械手每个自由度的电机的控制，来完成特定动作，同时接收传感器反馈的信息，形成稳定的闭环控制。控制系统的核心通常是由单片机或 DSP 等微控制芯片构成，通过对其编程实现实验所要求的功能。本实验搭建了一个包含两个自由度的机械手系统，通过控制垂直和旋转两个方向的舵机实现机械手控制。通过曲柄滑块机构将舵机的旋转运动转化为机械手的垂直运动。

3．预习要求

（1）熟悉使用单片机控制舵机的方法。

（2）熟悉 Keil μVision4 编程环境。

4．实验仪器设备

（1）CDS5516 数字舵机	2
（2）机械手结构件	1
（3）LUBY 控制器	1
（4）PC 机（带上位机）	1
（5）游标卡尺、量角器	1
（6）导线	若干

5．结构、功能分析

（1）旋转机械手部分。舵机输出的是一定转速的旋转运动，所以直接传递给梁即可，如图 7-2 所示。

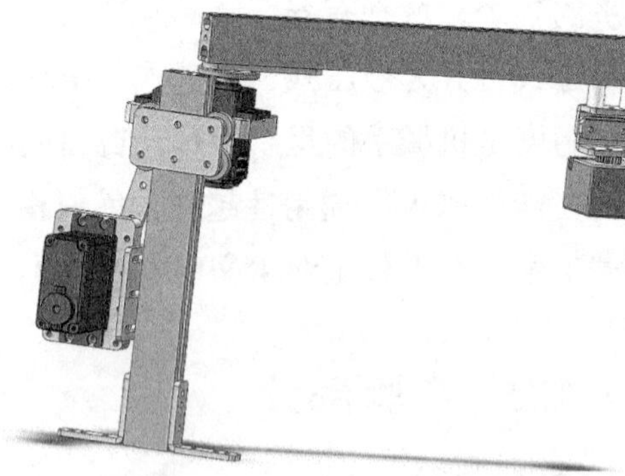

图 7-2　旋转机械手

（2）机械手的垂直运动部分。这里需要采用机械结构将舵机的旋转运动，转化成我们所需要的直线运动，这里采用的机械结构为偏置曲柄滑块机构，如图 7-3 和图 7-4 所示。

1 为曲柄，长度为 12 mm；2 为连杆，长度为 18 mm；e 为偏心距，为 5 mm；A 点距离地面为 25 mm。

偏置曲柄滑块机构自由度为 1。

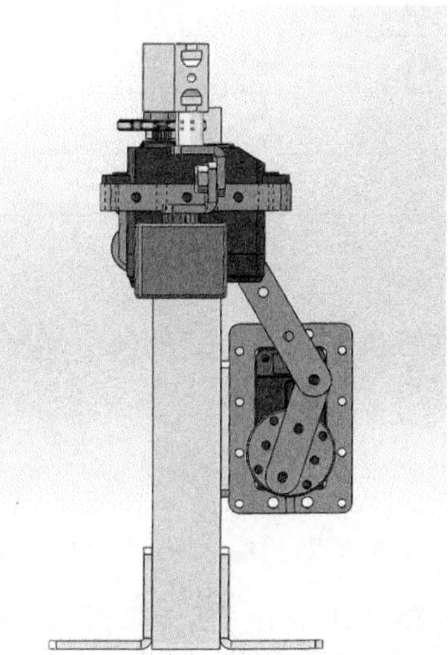

图 7-3 偏置曲柄滑块机构

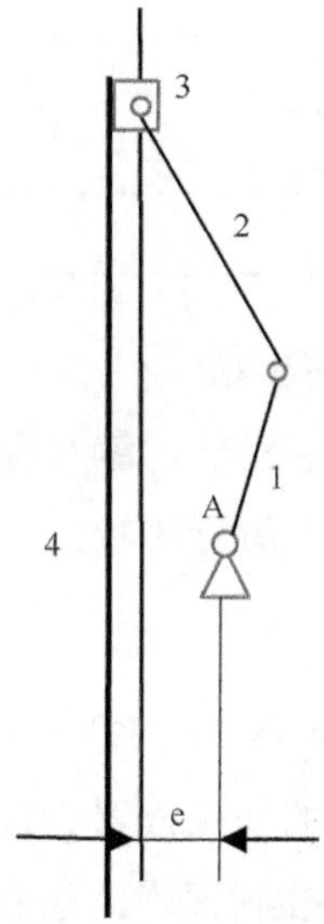

图 7-4 偏置曲柄滑块机构简图

建立舵机转动角度与滑块垂直位移的关系：设曲柄与水平正方向夹角为α，此时滑块距离地面距离为 h。

经过简单的平面几何知识推导可得

$$h = 12\sin\alpha + \sqrt{324 - (5 + 12\cos\alpha)^2} + 25$$

函数图像大致如图 7-5 所示，α与 h 在其中几个点的对应关系如表 7-1 所示。

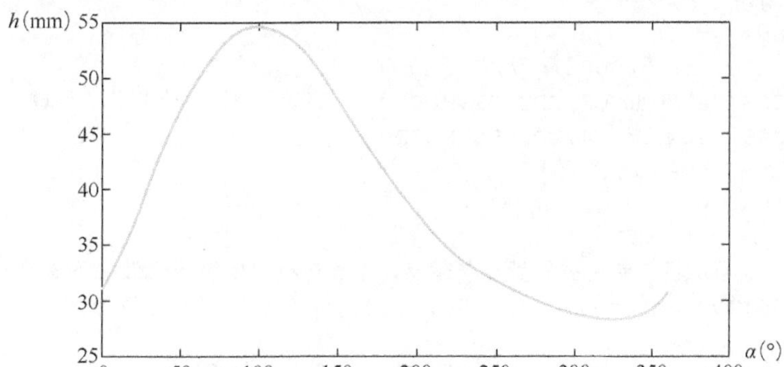

图 7-5 α与 h 关系图

表 7-1　α与 h 对应关系

α（°）	h（mm）	说　明
15	35	
30	40	
44	45	
100	54	极限位置
330	29	极限位置

6．实验内容与步骤

（1）完成机械手组装，编写程序，控制旋转机械手以合适的速度逆时针转动大约 30°，并测量实际转动角度进行比较。

关键程序：

```
UP_CDS_SetAngle（3, 30, 800）; //使 3 号电机以 0.8 r/s（即 48 r/min）的转速转动 30°
```

（2）设置曲柄的初始位置大致水平，求解使滑块上升至距离地面 45 mm，舵机需要转动的角度；然后编写控制程序，控制舵机以合适的转动速度旋转某个角度，使滑块到达指定高度，测量机械手此时的高度，与设计高度进行比较。

（3）设计从 A 点到 B 点的路径，编写程序控制两个舵机，使机械手拿取 A 点的物体，并放至 B 点。

7．示例程序分析

```
#include "UPLib\\UP_System.h"
int main(void)
{
    /*初始化系统*/
    UP_System_Init();
    UP_delay_ms(2000); //延时 2s
    UP_CDS_SetMode(3,CDS_SEVMODE); //设置 3，4 号电机运行模式为 CDS_SEVMODE
    UP_CDS_SetMode(4,CDS_SEVMODE);
    /*进入 While(1)循环*/
    while(1)
    {
        /*3 号电机控制机械臂做旋转运动，4 号电机控制机械臂做上下直线运动*/
        UP_CDS_SetAngle(3, 550, 800); //使 3 号电机以 0.8r/s(即 48r/min)的转速转动 550°
        UP_delay_ms(1000); //延时 1s，等待机械臂稳定
        UP_CDS_SetAngle(4, 512, 800);
```

```
        UP_delay_ms（500）;
        UP_CDS_SetAngle（3, 322, 800）;
        UP_delay_ms（1000）;
    }
}
```

代码分析如下所示。

（1）UP_System.h 为 UP 库函数系统，包含该库可使编程过程简洁高效。

（2）进入主函数后首先进行系统的初始化，以使系统正常工作。

这里我们调用了 UP_CDS_SetMode 这个函数，我们在 Keil 环境下右击该函数名，在出现的选项中选择“go to definition of…”即可定位到定义该函数的程序段：

```
/************************************************
  函数名称：UP_CDS_SetMode
  函数功能：舵机模式设置，ID号设置，范围1——253.
  被本函数调用的函数：UP_Uart3_SendCDSFrame(u8 id, u8 len, u8 cmd, u8* pData);
  调用本函数的函数：无
  输入参数说明：id是设置舵机的ID，mode是指设置舵机工作模式，
                可以设置成CDS_SEVMODE和CDS_MOTOMODE模式。
  输出参数说明：无
  函数返回值：无
  其它说明:无
************************************************/
void UP_CDS_SetMode(u8 id, u8 mode)
```

可以看到，这里对该函数进行了详细的说明。在以后的学习中，我们将频繁地用到这个方法，以使我们快速地了解程序实现的功能，进而完成自己的程序。

（3）初始化后，我们进入了程序的主要部分——While(1)循环。

其中我们主要调用了 UP_CDS_SetAngle 函数，用上述方法我们可以了解它的功能：

```
/************************************************
  函数名称：UP_CDS_SetAngle
  函数功能：设置对应ID号的舵机转角(0~1023对应0~300°)，速度（0~1023，约1圈1s）。
  被本函数调用的函数：UP_Uart3_SendCDSFrame(u8 id, u8 len, u8 cmd, u8* pData);
  调用本函数的函数：无
  输入参数说明：id是设置舵机的ID，
                speed设置舵机速度，0~1023，约1圈1s。
  输出参数说明：无
  函数返回值：无
  其它说明:无
************************************************/
void UP_CDS_SetAngle(u8 id, u16 angle, u16 speed)
```

可知该函数有 3 个参量，分别为电机 ID、舵机转角和舵机转速。

我们要让机械臂做出相应的动作，只需按顺序控制相应的电机转动相应的角度即可。需要指出的是，有些机械部分将舵机的转动转化为了直线运动，这时我们就需要了解其机械结构，从而计算出舵机转角与直线位移间的关系，最终通过控制舵机转动一定角度实现相应直线运动。

8．注意事项

（1）确保各部分连接完成，才能打开电源。

（2）接口与排线连接部分易损坏，注意对准位置，避免损坏。

（3）务必进行初始化系统、舵机模式选择等操作，否则可能出现难以预知的错误或故障。

（4）在完成每一个动作时注意延时一段时间，以使机械臂稳定下来。

（5）调整舵机转速时注意其可调速范围。

（6）注意每个舵机所控制的部分及其舵机号的对应关系。确认无误后方能运行程序，以免损坏设备。

9．实验总结与要求

通过该实验，了解机械手对于工业生产的重要意义，初步掌握编程控制舵机的能力，为以后的实验打下基础。

（1）附上正确的 main.c 程序源代码，代码中含有必要的注释。

（2）分析舵机转动角度与直线运动位移对应关系的计算过程。

7.1.3　思考题

（1）机械手存在不能到达的死区吗？如果存在，请作图示意。通过上网或查阅资料的方式，了解驱动方式分别为电动式和液压式的机械手的特点，并比较两者的不同。

（2）分析机械手的手部机械结构，并思考除了本实验所采用的抓持方式以外，在实际生活中，还有哪几种常见的抓持方式。

7.2　流量阀

7.2.1　实验综述

在化工领域，流体输送系统发挥着重要的作用。化工生产中所处理的物料大多为流体（包括气体和液体）。为了满足工艺条件的要求，保证生产的连续进行，需要把流体从一个设备输送至另一个设备。实现这一过程要借助管路和输送机械。管路在化工生产中就相当于人体的血管，流体输送机械相当于人的心脏，作用非常重要。阀门是用来启闭和调节流量及控制安全的部件。通过阀门可以调节流量、系统压力及流动方向，从而确保工艺条件的实现与安全生产。化工生产中阀门种类繁多，流量阀是其中一种。流量阀（如图 7-6 所示）是流体输送系统中应用较为广泛的控制器，适用于需要进行流量控制的流体输送系统中，尤其适合用于供热，空调等环境中非腐蚀性液体介质的流量控制，安装在水系统中，经运行前的一次调节，即可使系统流量自动恒定在要求的设定值。

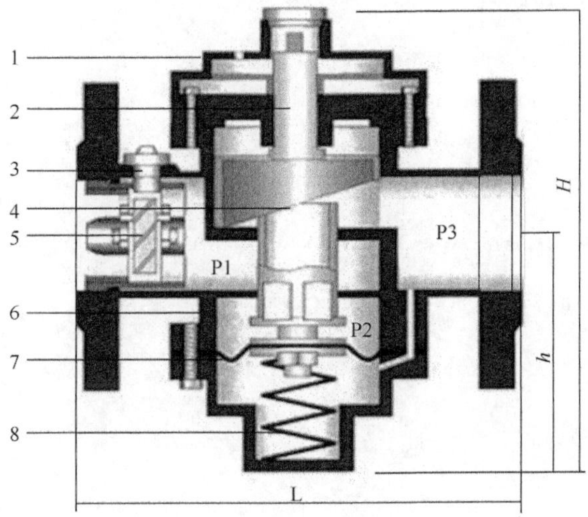

1—刻度盘；2—手动阀瓣；3—传感器；4—自动阀瓣
5—流量机芯；6—阀体；7—膜片；8—弹簧

图 7-6 流量阀构成

7.2.2 实验部分

1. 实验目的

（1）了解流量阀的工作原理及流量阀的简单分类。

（2）对化工领域进行初步的认识，了解流体输送系统的基本原理。

（3）学习流量阀模块的使用及控制方法。

2. 实验原理

工业上所用的流量阀是由一个手动调节阀组和一个自动平衡阀组组成。手动调节阀组的作用是设定流量，自动平衡阀组的作用是维持流量恒定。流量阀自动调节流量的有效范围取决于工作弹簧的性能。本实验所用到的简易流量阀可以通过改变通流截面的大小来改变流量大小。改变通流截面大小依靠舵机带动凸轮旋转来完成。

3．预习要求

（1）熟悉使用单片机控制舵机方法。

（2）熟悉 Keil μVision4 编程环境。

（3）提前了解化工领域流量输送系统的组成部分。

（4）查阅流量阀的控制原理。

4．实验仪器设备

（1）CDS5516 数字舵机　　1

（2）简易流量阀　　1

（3）LUBY 控制器　　1

（4）PC 机（带上位机）　　1

（5）量杯　　1

（6）软管　　1

（7）秒表　　1

（8）漏斗　　1

5．结构、功能分析

本实验采用的是盘形凸轮结构来控制流量。在这种凸轮结构中，凸轮是一个绕定轴转动且具有变曲率半径的盘型构件。在本实验中，凸轮随舵机的舵盘一起运动，由于凸轮的变曲率半径特性，随着舵机的转动，凸轮将会改变软管的通过流量的横截面面积，从而起到控制流量的作用。如图 7-7 所示。

6．实验内容与步骤

（1）搭建简单的流量控制系统（使用漏斗、软管、流量阀、量杯等）。

（2）编写流量阀控制程序，实现控制液体流量由大变小。

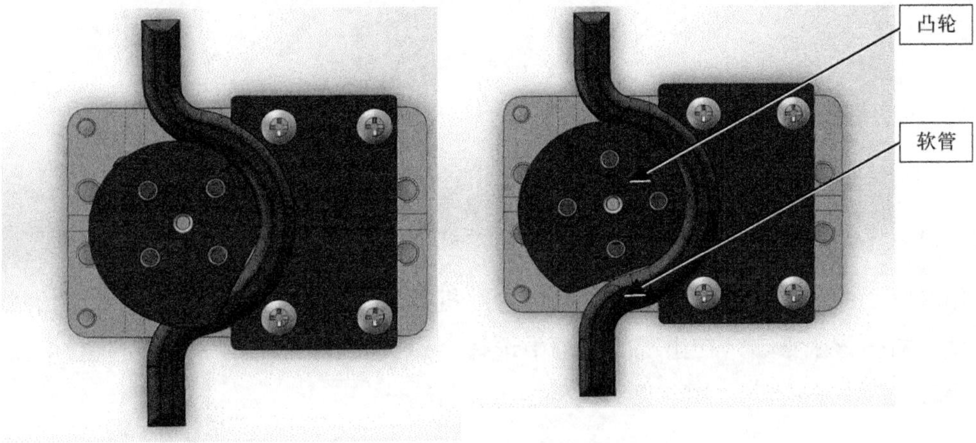

图 7-7 流量控制

关键程序：

```
UP_CDS_SetAngle（ID, Angle, Speed）；
```

（3）标定舵机转角与流量的关系：编写流量阀控制程序，控制电机旋转一定角度，使用秒表、量杯等仪表，计算所调定的流量值。完成表 7-2。

表 7-2 舵机转角与流量的关系

舵机转角（°）	30	60	90	120	150
流量（L/min）					

注意：以通过流量阀的流量最大时为初始位置。

7. 示例程序分析

```
#include "UPLib\\UP_System.h"
int main（void）
{
    /*初始化系统*/
    UP_System_Init();
    UP_delay_ms（2000）; //延时 2s
    UP_CDS_SetMode（8,CDS_SEVMODE）; //设置 8 号电机运行模式为 CDS_SEVMODE
     /*进入 While（1）循环*/
    while（1）
    {
        /*8 号电机控制相应舵机转动从而控制流量阀流量*/
```

```
        UP_CDS_SetAngle(8, 30, 800); //使 8 号电机以 0.8 r/s(即 48 r/min)的转速转动 30°
    }
}
```

代码分析

（1）UP_System.h 为 UP 库函数系统，包含该库可使编程过程简洁高效。

（2）进入主函数后首先进行系统的初始化，以使系统正常工作。

调用 UP_CDS_SetMode 函数设置电机为舵机模式，若需要了解该函数详细信息，可在 Keil 环境下右击该函数名，在出现的选项中选择“go to definition of…”即可定位到定义该函数的程序段。

（3）初始化后，我们进入程序的主要部分——While(1)循环。

我们再次调用了 UP_CDS_SetAngle 函数，该函数在今后的实验中将不断使用，请一定掌握。

该函数有 3 个输入参量，分别为电机 ID、舵机转角和舵机转速。

这里我们将 8 号电机转动 30°，从其机械结构可知软管的截面积变小，从而减小了流量。

8．注意事项

（1）务必进行初始化系统、舵机模式选择等操作，否则可能出现难以预知的错误或故障。

（2）调整舵机转速时注意其可调速范围。

（3）注意每个舵机所控制的部分及其舵机号的对应关系。确认无误后方能运行程序，以免损坏设备。

9．实验总结与要求

（1）附上正确的 main.c 程序源代码，含必要注释。

（2）填写流量标定结果。

（3）分析实验误差来源。

7.2.3　思考题

（1）本实验所用流量阀为盘形凸轮结构，查阅资料，总结流量阀常用的结构。

（2）按用途来分，流量阀可分为节流阀、调速阀等，总结节流阀和调速阀的特点。

7.3 蠕动泵

7.3.1 实验综述

泵体是流体输送系统中提供动力的元件。流体输送系统中的各种泵体把机械能转换为压力能，为系统源源不断地输送动力。在化工生产中泵体种类繁多，蠕动泵（图 7-8）是其中一种。蠕动泵由 3 个部分组成，分别是驱动器、泵头和软管。流体被隔离在泵管中、可快速更换泵管、流体可逆行、可以干运转、维修费用低等特点构成了蠕动泵的主要竞争优势。

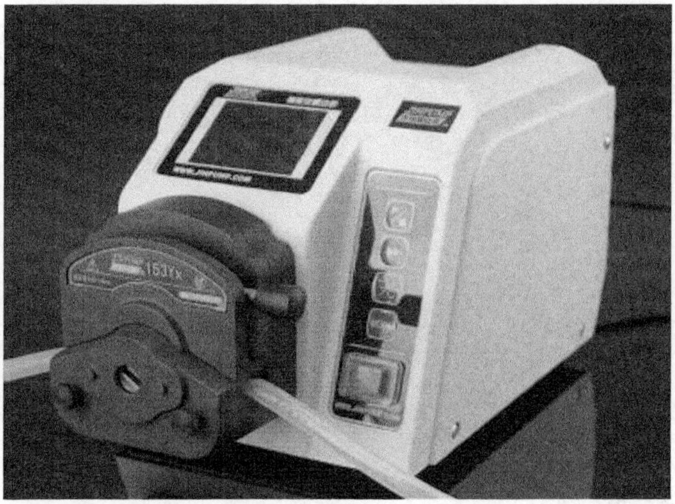

图 7-8 蠕动泵

7.3.2 实验部分

1. 实验目的

（1）了解蠕动泵的结构及工作原理。

（2）对化工领域进行初步的认识，了解流体输送系统的基本原理。

（3）学习蠕动泵模块的使用及控制方法。

2．实验原理

蠕动泵就像用手指夹挤一根充满流体的软管，随着手指向前滑动管内流体向前移动。蠕动泵也是这个原理，只是由滚轮取代了手指，通过对泵的弹性输送软管交替进行挤压和释放来泵送流体。

3．预习要求

（1）熟悉使用单片机控制舵机方法。

（2）熟悉 Keil μVision4 编程环境。

（3）提前了解化工领域流量输送系统的组成部分。

（4）查阅蠕动泵的控制原理。

4．实验仪器设备

（1）CDS5516 数字舵机　1

（2）简易蠕动泵　1

（3）LUBY 控制器　1

（4）PC 机（带上位机）　1

（5）量杯　1

（6）软管　1

（7）秒表　1

（8）漏斗　1

5．结构、功能分析

首先使用”卓越之星”结构件搭建出图 7-9 所示的蠕动泵构型，本实验中，4 个滚轮与舵机的舵盘相连，由舵机直接驱动。就像用两根手指夹挤软管，随着手指的移动，管内形成负压，液体随之流动一样，蠕动泵就在两个转辊子之间的一段泵管处形成“枕”形流体。“枕”的体积大小取决于泵管的内径和转子的几何特征。流量大小等于泵头的转速与“枕”的尺寸、转子每转一圈产生的“枕”的个数这 3 项参数之乘积。“枕”的尺寸一般为常量（泵送黏性特别大的流体时除外）。

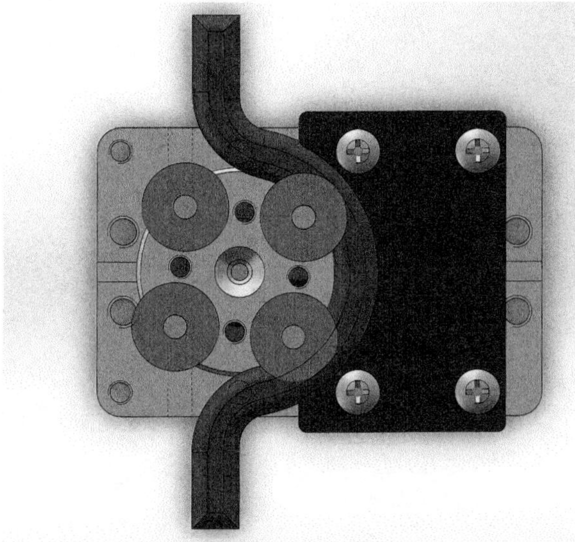

图 7-9　蠕动泵构型

6. 实验内容与步骤

（1）观察蠕动泵结构，了解各部分的控制原理，以及蠕动泵的优点。

（2）利用蠕动泵搭建简单的流体输送系统（用漏斗、软管、蠕动泵、量杯等）。

编写蠕动泵控制程序，测量本实验中一个“枕”的体积。测量方法是控制舵机转动 *n* 圈，根据泵出的油液体积，计算每个“枕”的体积，如表 7-3 所示。

表 7-3　舵机转动圈数与油液体积、“枕”的体积的对应关系

转动圈数	1	2	3	4	5
油液体积（mL）					
“枕”的体积（mL）					

（3）实现蠕动泵的流量控制。通过控制舵机转速，经过简单的计算，实现流量控制。要求实现 20 mL/min、40mL/min。

关键程序：

```
UP_CDS_SetMode（13,CDS_MOTOMODE）; //设置 13 号电机运行模式为 CDS_MOTOMODE
UP_CDS_SetSpeed（13,1023）; //使 13 号电机以约 1 r/s（即 60 r/min）的转速转动
```

7. 实验程序分析

```
#include "UPLib\\UP_System.h"
int main(void)
{
    /*初始化系统*/
    UP_System_Init();
    UP_delay_ms(2000); //延时 2 s
    UP_CDS_SetMode(13,CDS_MOTOMODE); //设置 13 号电机运行模式为 CDS_MOTOMODE
     /*进入 While(1)循环*/
    while(1)
    {
        /*13 号电机控制相应电机转动从而控制蠕动泵工作*/
        UP_CDS_SetSpeed(13,1023); //使 13 号电机以约 1 r/s(即 60 r/min)的转速转动
    }
}
```

代码分析：

（1）UP_System.h 为 UP 库函数系统，包含该库可使编程过程简洁高效。

（2）进入主函数后首先进行系统的初始化，以使系统正常工作。

调用 UP_CDS_SetMode 函数设置电机为电机模式，若需要了解该函数详细信息，可在 Keil 环境下右击该函数名，在出现的选项中选择“go to definition of…”即可定位到定义该函数的程序段。

（3）初始化后，我们进入程序的主要部分——While(1)循环。

我们调用了 UP_CDS_SetSpeed 函数，该函数有两个输入参量，分别为电机 ID 和电机速度。利用前面的方法我们可以了解它的详细信息：

```
/*************************************************
  函数名称：UP_CDS_SetSpeed
  函数功能：设置对应ID号的电机速度（0~1023，约1圈1s）。
  被本函数调用的函数：UP_Uart3_SendCDSFrame(u8 id, u8 len, u8 cmd, u8* pData);
  调用本函数的函数：无
  输入参数说明：id是设置电机模式的ID，
                speed设置舵机速度，0~1023，约1圈1s。
  输出参数说明：无
  函数返回值：无
  其它说明:无
*************************************************/
void UP_CDS_SetSpeed(u8 id, s16 speed)
```

这里我们将 13 号电机设置为最高转速，使蠕动泵以最大功率工作。

8. 注意事项

（1）务必进行初始化系统、舵机模式选择等操作，否则可能出现难以预知的错误或故障。

（2）调整舵机转速时注意其可调速范围。

（3）注意每个舵机所控制的部分及其舵机号的对应关系。确认无误后方能运行程序，以免损坏设备。

9. 实验总结与要求

（1）附上正确的 main.c 程序源代码，含必要注释。

（2）课下自主学习舵机模式和电机模式，写出两种模式的主要区别及应用场合。

（3）记录实验数据，并进行简要的误差分析。

7.3.3 思考题

（1）请列举液压泵的分类及各自的特点。

（2）蠕动泵和流量阀在结构上有相似的地方，但是在功能上却有很大的不同，分析泵和阀各有什么特点。

（3）分析蠕动泵在工业应用中的局限性。

7.4 遥控厨用电器

7.4.1 实验综述

随着科技发展和人们生活品质的提高，越来越多的人开始追求现代化、科技化的家居设计，诞生了智能家居理念。智能家居是以住宅为平台，利用综合布线技术、网络通信技术、智能家居安全防范技术、自动控制技术、音视频技术将家居生活有关的设施集成，构建高效的住宅设施与家庭日常事务的管理系统，提升家居安全性、便利性、舒适性、艺术性，并实现环保节能的居住环境。这样能够更加简便高效地实现对各种日常生活设施的控制。ZigBee 作为一种短距离、低功耗的无线通信技术，被广泛地应用于无线智能家居中，如图 7-10 所示。

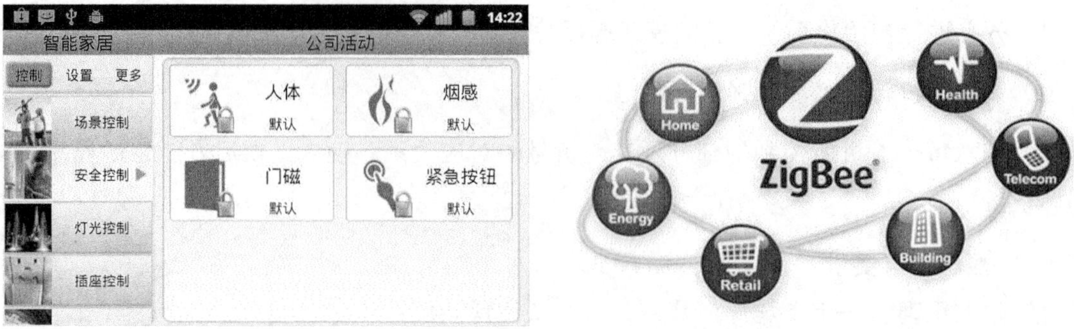

图 7-10　智能家居系统及 ZigBee 网络

7.4.2　实验部分

1．实验目的

（1）建立对于 ZigBee 的概念认识。

（2）了解按键控制、语音控制的基本原理。

（3）通过编程实现遥控 LED 亮灭。

2．实验原理

使用 ZigBee 网络作为无线通信媒介，实现通过语音或界面按键完成对厨用电器的无线智能控制。

3．预习要求

（1）了解 ZigBee 网络。

（2）熟悉使用单片机和 ZigBee 无线模块通信的方法。

（3）熟悉 Keil μVision4 编程环境。

（4）提前了解语音识别模块的工作原理和控制方法。

4．实验仪器设备

（1）厨用灯　　1

（2）按键　　1

（3）LUBY 控制器　　1

（4）PC 机（带上位机）　　1

（5）LUBYmini 控制器　　1

（6）语音识别模块（送话器）　　1

（7）导线　　若干

5. 结构、功能分析

ZigBee（又名紫蜂协议）技术是一种短距离、低功耗的无线通信技术。其名称来源于蜜蜂的八字舞，由于蜜蜂（Bee）是靠飞翔和“嗡嗡”（Zig）地抖动翅膀的“舞蹈”来与同伴传递花粉所在方位信息，也就是说蜜蜂依靠这样的方式构成了群体中的通信网络。ZigBee 的主要特点是近距离、低复杂度、自组织、低功耗、低数据速率，主要适合用于自动控制和远程控制领域，可以嵌入各种设备。“卓越之星”中 LUBY 及 LUBYmini 控制器均配备了 ZigBee 通讯模块，方便读者进行组网控制。

语音识别方法主要是模式匹配法。在训练阶段，用户将词汇表中的每一个词依次说一遍，并且将其特征矢量作为模板存入模板库。在识别阶段，将输入语音的特征矢量依次与模板库中的每个模板进行相似度比较，将相似度最高者作为识别结果输出。

6. 实验内容与步骤

（1）教师课上讲解分析程序，介绍语音识别原理及 ZigBee 技术的原理。

（2）编写程序，实现语音控制灯的亮灭：发送语音指令“开灯”时灯亮，发送语音指令“关灯”时灯灭。

关键程序：

```
switch(ID)
{
  case 2:
      UP_LCD_ShowCharacterString(0, 1, "开灯");
      UP_Zigbee_SendData(DEST_ID_3,2,zigbee_tx_buffer);
      break;
  case 3:
      UP_LCD_ShowCharacterString(0, 1, "关灯");
      UP_Zigbee_SendData(DEST_ID_3,3,zigbee_tx_buffer);
      break;
}
```

（3）编写程序，实现按键控制灯的亮灭：上键按下时灯亮，下键按下时灯灭。

关键程序：

```
if (UP_Key_Down())        //下按键控制
{
   zigbee_tx_buffer[0] = 0x03;
   zigbee_tx_buffer[1] = 0x03;
   UP_Zigbee_SendData(DEST_ID_3,2,zigbee_tx_buffer);
}
```

7. 示例程序分析

```
#include "UPLib\\UP_System.h"
u8 asr_flage=0;
u8 run = 0;
#define ENABLE_CMD 0XAC
#define DISABLE_CMD 0X00
voidasr_handle(u8 ID);
u8 zigbee_tx_buffer[5] = {0}; /*zigbee发送数据缓冲区*/
int main()
{
    /*初始化系统*/
    UP_Woody_Init();
    UP_Zigbee_EnableIT( );
    UP_System_Init();
    UP_delay_ms(1500);
    zigbee_init();
    while(1)
    {
      if(run == 1)
       {
          if(revoic_flage == 0XAC)
          {
             UP_LCD_ClearLine(0);
             UP_LCD_ShowCharacterString(0, 0, "语音识别");
             UP_Woody_Speech_ReadData();//读数据
          }
          if(voice_id!=0)
          {
             asr_handle(voice_id);
             voice_id = 0;
          }
       }
       if(zigbee_receive_num != 0)
       {
         if(UP_Zigbee_RecBuf[5] == 0x01) /*真正要传送的数据是从数组的第六个数开始的*/
```

```
            UP_LCD_ShowCharacterString(0,1,"收到");
        zigbee_receive_num = 0;
        memset(UP_Zigbee_RecBuf,0,80);
      }
      if(UP_Key_Up())  //上按键控制
      {
         zigbee_tx_buffer[0] = 0x03;
         zigbee_tx_buffer[1] = 0x02;
         UP_Zigbee_SendData(DEST_ID_3,2,zigbee_tx_buffer);
      }
      if(UP_Key_OK())  //确认按键控制
      {
         run=0x01;
         UP_Woody_CloseSpeechRecognize();
         UP_delay_ms(200);
         UP_Woody_StartSpeechRecognize();
         UP_Woody_Speech_ReadData();//读数据
      }
      if(UP_Key_Down())          //下按键控制
      {
         zigbee_tx_buffer[0] = 0x03;
         zigbee_tx_buffer[1] = 0x03;
         UP_Zigbee_SendData(DEST_ID_3,2,zigbee_tx_buffer);
      }
      if(UP_Key_BACK())
      {
         if(run==0)
         {
            UP_Woody_CloseSpeechRecognize();
            UP_delay_ms(400);
            UP_Woody_StartSpeechRecognize();
         }
         UP_LCD_ShowCharacterString(0, 0, "开启语音功能");
         run=1;
      }
      UP_delay_ms(50);
   }
}
voidasr_handle(u8 ID)
{
   UP_LCD_ClearLine(0);
   UP_LCD_ClearLine(1);
   UP_LCD_ClearLine(2);
   UP_LCD_ClearLine(3);
```

```
    revoic_flage = 0XAC;
    if(ID==11)//厨房语音 ID 号为 11
   {
      UP_LCD_ShowCharacterString(0, 2, "厨房");
      asr_flage = ENABLE_CMD;
   }
   elseif(asr_flage == ENABLE_CMD)
   {
      asr_flage = DISABLE_CMD;
      switch(ID)
      {
        case 2:
                UP_LCD_ShowCharacterString(0, 1, "开灯");
                UP_Zigbee_SendData(DEST_ID_3,2,zigbee_tx_buffer);
                break;
        case 3:
                UP_LCD_ShowCharacterString(0, 1, "关灯");
                UP_Zigbee_SendData(DEST_ID_3,3,zigbee_tx_buffer);
                break;
      }
    }
   }
```

代码分析

（1）本示例用到了语音识别、按键控制、ZigBee 传输、LED 控制等多个模块。

（2）UP_Woody_Init 为语音识别模块和图像识别模块的初始化，UP_Zigbee_EnableIT 为 ZigBee 传输使能，zigbee_init 为 ZigBee 传输初始化。

（3）While 循环中的首个部分即为语音识别模块的使用。这里我们重点讲解 UP_Zigbee_SendData 函数，该函数为自定义函数，在程序段的尾部。

函数以识别出的语音 ID 号作为输入，若为对应 ID 则激活相应部分。如本例中若 ID 为 11 的部分是厨房，则厨房部分被激活，等待进一步操作指令。

若识别到厨房部分已被激活，且语音 ID 为 2（开灯），则将相应指令码通过 ZigBee 协议传送至目标设备以使厨房 LED 点亮。

若识别到厨房部分已被激活，且语音 ID 为 3（关灯），则将相应指令码通过 ZigBee 协议传送至目标设备以使厨房 LED 熄灭。

该函数的详细信息如下：

```
/************************************************************
*   函数目的：   向其他zigbee设备传送数据
*   入口参数：   D_ID目的zigbee设备地址   len需要传送数据长度
*            data 待传数据的数组首地址
************************************************************/
void UP_Zigbee_SendData(ID,u8 len,u8 *data)
```

（4）对于按键控制模块，这里我们仅简单介绍各按键所定义的功能，请读者思考其实现过程。

```
OK:      开启语音识别
BACK:    重启语音识别
UP:      开灯
DOWN:    关灯
```

8．注意事项

（1）务必进行初始化系统的操作，否则可能出现难以预知的错误或故障。

（2）注意 ID 号与控制部分的对应关系。确认无误后方能运行程序，以免损坏设备。

9．实验总结与要求

附上正确的 main.c 程序源代码，含必要注释。

7.4.3　思考题

（1）ZigBee 与 Wi-Fi 的区别是什么？请详细分析。

（2）查阅资料，了解常见的无线通信技术。

（3）了解当今社会语音识别的发展情况，并分析存在的主要问题。

7.5　卫生间感应灯

7.5.1　实验综述

各种感应式开关设备已经离我们的日常生活越来越近，极大地方面了人们的生活。在自动感应智能家居设施中，红外感应灯（图 7-11）是一种靠感应人体的红外热辐射检测光环境状态，通过内置延时开关对灯具进行开启和关闭的新一代智能型照明灯具，应用广泛。

图 7-11　红外感应灯

7.5.2 实验部分

1．实验目的

（1）了解红外感应的基本原理。

（2）学习使用红外感应模块进行简单的控制。

（3）体会红外感应技术的优势及其在生活中的广泛应用。

2．实验原理

由红外感知模块判断是否有人靠近，当有人靠近时，红外感知模块产生感应信号，由控制器读取到感应信号后控制灯泡的亮灭，从而实现灯泡的自动控制。

3．预习要求

（1）了解红外感应的基本原理。

（2）熟悉 Keil μVision4 编程环境。

（3）提前了解如何分析红外感应模块的感应信号并转换为数字信号。

4．实验仪器设备

（1）LED 模块　　　　　　1

（2）红外接近传感器　　　1

（3）LUBY 控制器　　　　　1

（4）PC 机（带上位机）　　　1

（5）导线若干。

5. 结构、功能分析

红外智能节电开关是基于红外线技术的自动控制产品，当有人进入感应范围时，专用传感器探测到人体红外光谱的变化，自动接通负载。人不离开感应范围，将持续接通；人离开后，延时自动关闭负载。

6. 实验内容与步骤

（1）课下自主学习红外感应技术在生活中的应用。

（2）课上讲解红外感应技术的原理。

（3）搭建简单的红外感应控制系统（使用 LED、红外感应模块等）。

（4）编写系统的控制程序，实现当物体靠近时 LED 亮起，物体远离时 LED 熄灭的功能。

（5）测量临界距离。

关键程序：

```
j = Get_ADC10bitResult(ADC_CH0); //查询法读一次 ADC 结果
if(j < 562)
{
   zigbee_tx_buffer[0] = 2;//开灯
   UP_Zigbee_SendData(DEST_ID_5,1,zigbee_tx_buffer);
   Delayms(1500);
}
```

7. 示例程序分析

```
#include"UPLib\\UP_System.h"
u8 zigbee_tx_buffer[5]={0}; /***zigbee 发送数据缓冲区**/
void main(void)
{
    u16 j;
    UP_Woody_Init();
    /*初始化系统*/
    UP_Zigbee_EnableIT( );
    UP_System_Init();
    UP_delay_ms(1500);
    zigbee_init();
```

```
ADC_config(AD0); //ADC 的初始化配置函数
while(1)
{
  j = Get_ADC10bitResult(ADC_CH0); //查询法读一次 ADC 结果
  if(j < 562)
  {
    zigbee_tx_buffer[0] = 2;//开灯
    UP_Zigbee_SendData(DEST_ID_5,1,zigbee_tx_buffer);
    Delayms(1500);
  }
  else
  {
    zigbee_tx_buffer[0] = 3;//关灯
    UP_Zigbee_SendData(DEST_ID_5,1,zigbee_tx_buffer);
  }
 }
}
```

代码分析

(1)该示例程序通过使用模数转换模块及 ZigBee 通讯模块实现了控制感应灯亮灭的功能。

（2）头文件 UP_System.h 包含了大量可供调用的函数，为编程提供了极大的便利。

（3）进入主函数，仍需进行必要的初始化。

（4）进入 while 循环，查询模数转换器返回的值，当该值小于某特定值（即距离小于某特定值）时，发送相应数据至感应灯接收端，以控制感应灯亮灭。

8．注意事项

（1）必须进行系统及所调用模块的初始化，否则将可能出现不可预知的错误。

（2）ZigBee 发送数据缓冲区的数组名请勿随意修改。

（3）确认所调用控制部件 ID 号对应无误后方可启动设备，以免损坏装置。

9．实验总结与要求

附上正确的 main.c 程序源代码，含必要注释。

7.5.3　思考题

（1）请叙述生活当中应用到感应灯的地方，以及各自的使用特点。

（2）详细列举不同感应方式的概念和特点。分析生活中常用的传感器，举例说明其工作原理。

（3）了解红外识别技术的发展趋势，并举例说明红外识别在不同领域的应用。

7.6 输送带系统

7.6.1 实验综述

输送带（conveying belt），又称运输带（见图 7-12），是用于皮带输送带中起承载和运送物料作用的橡胶与纤维、金属复合制品，或者是塑料和织物复合的制品。输送带系统是大部分加工流水线的关键组成部分。加工流水线是指劳动对象按一定的工艺路线和统一的生产速度，连续不断地通过各个工作地，按顺序进行加工并生产出产品的一种生产组织形式。输送带在加工流水线上是产品在各个加工单元间移动的载体，通过控制输送带的传动和停止达到不同加工单元的不同停留时间。输送带也广泛应用于水泥、焦化、冶金、化工、钢铁等行业中输送距离较短、输送量较小的场合。皮带输送机在农业、工矿企业和交通运输业中广泛用于输送各种固体块状和粉料状物料或成件物品。输送带能连续化、高效率、大倾角运输，输送带操作安全，使用简便，维修容易，运费低廉，并能缩短运输距离，降低成本，节省人力物力。

图 7-12 输送带

7.6.2　实验部分

1．实验目的

（1）了解输送带的工作原理。

（2）培养简单的自主搭建能力。

（3）通过编程实现货物的运输。

2．实验原理

带传动是利用张紧在带轮上的柔性带进行运动或动力传递的一种机械传动形式。根据传动原理的不同，有靠带与带轮间的摩擦力传动的摩擦型带传动，也有靠带与带轮上的齿相互啮合来传动的同步带传动。带传动具有结构简单、传动平稳、能缓冲吸振、可以在大的轴间距和多轴间传递动力，且造价低廉、不需润滑、维护容易等特点，在近代机械传动中应用十分广泛。摩擦型带传动能过载打滑，运转噪声低，但传动比不准确（滑动率在 2%以下）；同步带传动可保证传动同步，但对载荷变动的吸收能力稍差，高速运转有噪声。带传动除用以传递动力外，有时也用来输送物料，进行零件的整列等。

3．预习要求

（1）熟悉使用单片机控制直流减速电机的方法。

（2）熟悉 Keil μVision4 编程环境。

（3）提前了解输送带系统的组成部分。

4．实验仪器设备

（1）直流减速电机　　1

（2）简易输送带　　1

（3）LUBY 控制器　　1

（4）PC 机（带上位机）　　1

（5）不同颜色小物块　　若干

5．结构、功能分析

图 7-13 为输送带的构成：通过直流减速电机带动同步轮，同步轮通过主轴衬套将旋转运动传递给运输带主动轴卷筒，从而驱动运输带。定滑轮有两个作用，一是改变传送带的方向，二是增大传送带在主动轴卷筒上的包角，能够提高传送带的传送效率，降低滑动率。

由于传送带是靠与货物之间的摩擦力来实现运输，所以要求传送带启动或者停止时，加速度不能过大。

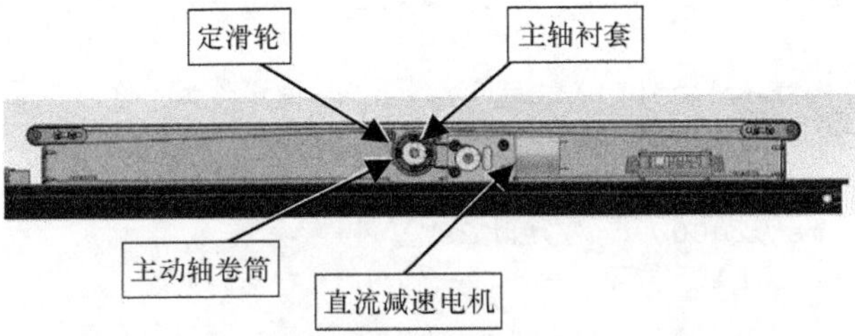

图 7-13 输送带构成

6. 实验内容与步骤

（1）搭建一套输送带系统。

（2）实现货物从 A 点运输到 B 点，要求传送带在 A 点启动，在 B 点停止。要求传送带启动平稳，在运输过程中，速度不能过大。

（3）与旋转机械手实验相结合，要求货物停在 B 点后，机械臂能自动将货物取走。

关键程序（中断调用函数）：

```
void ExtiHadler(u32 extichannel)
{
   if(extichannel == EXTI_AD4)
      UP_IOout_SetIO(3,1); /******************传送带转*****************/
   elseif(extichannel == EXTI_AD5)
      UP_IOout_SetIO(3,0); /*******************传送带停*****************/
}
```

7. 示例程序分析

```
#include "UPLib\\UP_System.h"
//定义外部中断入口函数,(两个红外传感器中断)
void ExtiHadler(u32 extichannel)
{
    if(extichannel == EXTI_AD4)
       UP_IOout_SetIO(3,1); /*****************传送带转**************/
    elseif(extichannel == EXTI_AD5)
       UP_IOout_SetIO(3,0); /******************传送带停**************/
}
//主函数
int main(void)
{
```

```
/*外部中断的初始化（必须放在系统初始化函数的前面）*/
 UP_Exti_EnableIT（EXTI_AD4, EXTI_Trigger_Falling）;//设置 AD4 为下降沿触发中断
 UP_Exti_EnableIT（EXTI_AD5, EXTI_Trigger_Rising_Falling）;//设置 AD5 为上升&下降沿触发中断
 UP_Exti_SetHadler（ExtiHadler）; //传递外部中断入口函数指针
//初始化系统
 UP_System_Init();
 UP_delay_ms（2000）; //延时 2s
 //进入 While（1）死循环
 while（1）;
}
```

代码分析

（1）本例用到了中断，在起始位置的红外传感器检测到物体时传送带启动；当终止位置的红外传感器检测到物体时传送带停止。这样中断入口函数应该就不难理解了。

（2）进入主函数后我们除了进行系统初始化外还需进行外部中断的初始化。这是必须进行的，因为它直接决定了中断能否正常工作。

（3）初始化后，我们进入程序的主要部分——While(1)循环。

可以看到，我们在循环内未进行任何操作，因为本例传送带的运行和停止主要通过中断实现。

8．注意事项

（1）务必进行初始化系统、外部中断初始化等操作，否则可能出现难以预知的错误或故障。

（2）注意各传感器所对应的外部中断号及控制传送带启动和停止的电机 IO 口号，确认无误后方可运行系统，以免损坏设备。

9．实验总结与要求

附上正确的 main.c 程序源代码，含必要注释。

7.6.3　思考题

（1）对本实验的驱动机构进行受力分析，思考还可以用哪些方式驱动传送带。

（2）了解带传动的特点。

（3）了解制作输送带常用的材料，分析不同材料的输送带的使用场所。

7.7 加工流水线

7.7.1 实验综述

加工流水线生产，又叫流水生产、流水作业，是在工业生产领域应用最为广泛的生产组织形式。它指劳动对象按一定的工艺路线和统一的生产速度，连续不断地通过各个工作地，按顺序进行加工并生产出产品的一种生产组织形式。这种组织形式起源于英格兰北部的一个小镇，其基本原理是把一个生产重复的过程分解为若干子过程，前一个子过程为下一个子过程创造条件，每一个过程可以与其他子过程同时进行。简而言之，就是“功能分解，空间上顺序依次进行，时间上重叠并行”。

早期的生产流水线每个生产单元由相同工人进行操作，每个工人在生产流水线上重复相同的工作，这使得工人的劳动强度大大增加，并且工人在流水线上工作比较单调、紧张、容易疲劳，不利于提高生产技术水平。这让生产流水线在诞生初期备受争议。将现代柔性生产技术和信息化管理手段应用于流水线生产，可以在很大程度上克服流水线生产存在的上述缺点，做到在一条流水线上同时生产多个品种的产品，这就是混流生产线（图 7-14）。利用混流生产线，可以实现大规模定制生产，即按照用户订单，在同一条生产线上连续生产不同用户订购的不同品种（包括规格、花色、款式等不同）的产品，既达到规模经济，又满足用户的个性化需要。

图 7-14　混流生产线

7.7.2　实验部分

1．实验目的

（1）了解实际食品加工生产流水线的自动化生产过程。

（2）了解工业自动化生产流水线的组成单元。

（3）培养简单自动化流水线的自主搭建能力。

2．实验原理

工业上的食品加工流水线通常包含多个加工单元，每个加工单元按照次序对产品进行加工，同一条生产线上甚至同时加工着多种产品，这就要求加工流水线要对不同加工产品具备识别能力，以决定该产品在某加工单元的工序以及加工时间长短等。对不同加工对象的识别主要由传感器来完成，完成识别后控制系统通过控制流水线驱动电机来决定加工时间。

3．预习要求

（1）熟悉使用单片机控制直流减速电机的方法。

（2）熟悉 Keil μVision4 编程环境。

（3）提前了解食品加工流水线系统的组成部分。

4．实验仪器设备

（1）直流减速电机　1

（2）简易模拟加工流水线　1

（3）LUBY 控制器　1

（4）PC 机（带上位机）　1

（5）不同颜色小物块（模拟不同果蔬）　若干

5．结构、功能分析

流水线上方 3 个传感器（见图 7-15）通过对货物颜色的分辨，材质的分辨，能够实现对货物的自动分拣，极大地减少人工，提高生产效率。当传感器检测到物体时，流水线通过直流减速电机带动同步轮，同步轮通过主轴衬套将旋转运动传递给运输带主动轴卷筒，从而驱动运输带。

6．实验内容与步骤

（1）利用已经搭建好的流水线，编写控制程序，模拟单一食品的流水线生产过程：运行至传送带 1/3 处停止 15 s，继续运动至传送带 2/3 处停止 15 s，运动到终点使产品进入下一道工序。

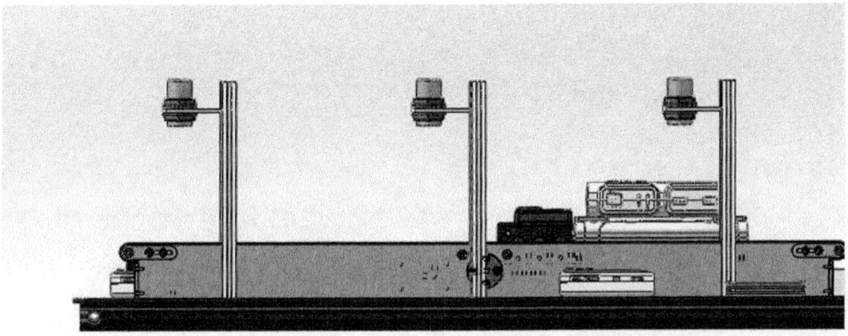

图 7-15　流水线

（2）利用已经搭建好的流水线，编写控制程序，模拟多种食品的流水线生产过程：在流水线初始位置识别所加工的食品，使传送带模拟加工流程。如识别为番茄（红色），则在第一处停留 10 s，在第二处停留 20 s。再比如识别为黄瓜（绿色），则在第一处停留 20 s，在第二处停留 5 s 等。

（3）利用已经搭建好的流水线，编写控制程序，实现多种食品的并行加工过程，此时流水线上同时出现多种食品，要求不同食品在相同的加工单元的停留时间不同。

关键程序：

```
if(UP_ColorId==1)
{
    if(IO0 ==0&&IO1==1&&IO2==1)
    {
        UP_IOout_SetIO(0, 0);
        UP_delay_ms(15000);
        UP_IOout_SetIO(0, 1);
    }
```

7. 示例程序分析

```
#include "Uplib\UP_System.h"
int main(void)
{
    int IO0 = 1;
    int IO1 = 1;
    int IO2 = 1;
    UP_Woody_Init();
```

```
UP_Woody_StartUp(8);
UP_System_Init();
UP_Woody_ColorRecLetIssue();
while(1)
{
  IO0=UP_ADC_GetIO(0);
  IO1=UP_ADC_GetIO(1);
  IO2=UP_ADC_GetIO(2);
  if(UP_ColorId==1)
  {
        if(IO0 ==0&&IO1==1&&IO2==1)
        {
               UP_IOout_SetIO(0, 0);
               UP_delay_ms(15000);
               UP_IOout_SetIO(0, 1);
        }
        else   if(IO0==1&&IO1==0&&IO2==1)
        {
               UP_IOout_SetIO(0, 0);
               UP_delay_ms(10000);
               UP_IOout_SetIO(0, 1);
        }
        else   if(IO0 ==1&&IO1==1&&IO2==0)
        {
               UP_IOout_SetIO(0, 0);
        }
}
          else
          {
                   if(IO0 ==0&&IO1==1&&IO2==1)
                   {
                            UP_IOout_SetIO(0, 0);
                            UP_delay_ms(5000);
                            UP_IOout_SetIO(0, 1);
                   }
                    else   if(IO0==1&&IO1==0&&IO2==1)
                    {
                            UP_IOout_SetIO(0, 0);
                            UP_delay_ms(15000);
                            UP_IOout_SetIO(0, 1);
                    }
                    else   if(IO0 ==1&&IO1==1&&IO2==0)
                    {
                            UP_IOout_SetIO(0, 0);
                    }
```

```
    }
    }
```

代码分析

（1）由于篇幅有限，本示例程序只给出了主函数。

（2）进入主函数我们仍然需要进行一些必要的初始化操作。

（3）进入 while 函数，以 UP_ColorId 为标识位，依次控制各 UP_IOout_SetIO，从而控制传送带运行。

8．注意事项

（1）务必进行初始化操作，否则可能出现难以预知的错误或故障。

（2）在完成每一个动作时注意延时一段时间，以使部件稳定。

（3）注意每个部件所控制的部分及其舵机号的对应关系。确认无误后方能运行程序，以免损坏设备。

9．实验总结与要求

附上正确的 main.c 程序源代码，含必要注释。

7.7.3 思考题

（1）调查实际中的一条加工流水线，分析其结构单元的组成，各个单元之间产品的运输模式。

（2）了解流水线产生的意义，以及巨大影响。

（3）分析影响流水线工作效率的因素。

第 8 章 中级实验

8.1 运输车

8.1.1 实验综述

在工业生产中，产品往往需要不同加工单元的加工，这些加工单元经常是独立的，无法让毛坯在同一地点完成多种形式的加工。运输车就是让生产毛坯在不同加工单元之间转换的载体，其相对于输送带系统，能够搭载体积较大，几何形状更为复杂的生产毛坯，并且能够更好地对毛坯实现定位，被广泛应用于加工流水线上。运输车可以有多个平台同时在轨道上运动，并且每个平台都有独立的动力，多个平台可以实现不同的行进速度，使得生产更加灵活，效率更高，但其运输成本也大大增加。在生产当中的每一次运输都需要外界的控制信号，射频识别 （Radio Frequency Identification，RFID）技术，又称无线射频识别（图 8-1），是其中一种，控制者通过 RFID 技术向控制器发出信号，控制器收到信号后控制运输车移动，从而协调整个生产活动。

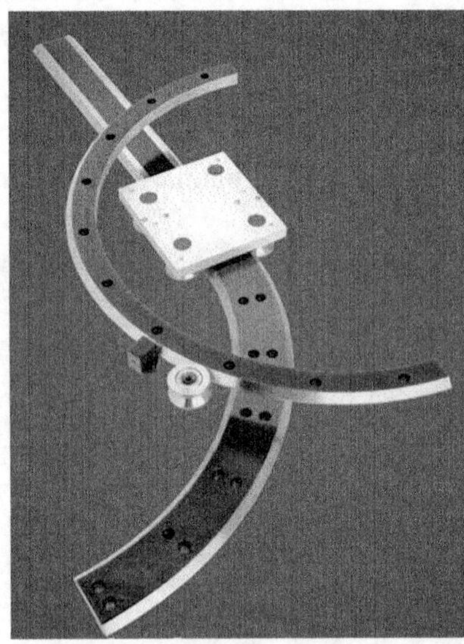

图 8-1　RFID

8.1.2 实验部分

1. 实验目的

（1）学习运输车的工作原理。

（2）了解运输车在工业生产中的应用。

（3）学习 RFID 读卡器的使用。

2．实验原理

运输车平台工作的轨道是固定不动的，每个运输车上都有一个舵机，当舵机带动舵盘旋转时，舵盘受到了与轨道固连的圆带的反摩擦力，产生了运输车行进的动力，带动运输车在轨道上移动。通过控制舵机的转动方向和速度来控制运输车移动的方向和速度。利用射频识别技术产生控制信号。

3．预习要求

（1）熟悉使用单片机控制舵机的方法。

（2）熟悉 Keil μVision4 编程环境。

（3）提前了解运输车系统的组成部分。

（4）了解 RFID（射频识别）的基本原理。

4．实验仪器设备

（1）CDS5516 数字舵机	1
（2）简易运输车组件（包含运输车和导轨）	1
（3）LUBY 控制器	1
（4）PC 机（带上位机）	1
（5）RFID 设备	1

5．结构、功能分析

图 8-2 为运输车导轨机构，运输车通过卷绕轮实现沿导轨直线运动。卷绕轮与舵盘固定在一起，然后通过与圆带间的摩擦力，将舵机的旋转运动转化为运输车的直线运动。

在 4.2.9 节中，我们了解了 RFID 读卡器的工作原理。RFID 技术的基本工作原理并不复杂：标签进入磁场后，接收解读器发出的射频信号，凭借感应电流所获得的能量发送出存储在芯片中的产品信息（Passive Tag，无源标签或被动标签），或者主动发送某一频率的信号（Active Tag，有源标签或主动标签），解读器读取信息并解码后，送至中央信息系统进行有关数据处理。如图 8-3 所示，即为 RFID 技术的应用。

图 8-2　运输车导轨

图 8-3　RFID 读卡器

6．实验内容与步骤

（1）课下自主学习将旋转运动转换为直线运动的常用机构。

（2）搭建小车运输控制系统。

（3）编写程序使小车以教师给定速度由导轨一端运动至另一端。

关键程序：`UP_CDS_SetAngle_sec(1,0,-1023,1);`

（4）编写程序实现使用 RFID 技术控制运输车运动。要求：在发送区刷卡后方能运送，在接收区刷卡后方能将小车退回，且刷卡物料必须与发送时一致。

7．实验示例程序

```
void main(void)
{
    EA=1;           /**************打开总中断***********/
    Vcc33_EN=1;       /********使能 3.3V 电源系统***********/
    Lcd_init();         /********LCD 模块功能初始化 ************/
    Servo_initiate();
    UART_config();      /***初始化和 ZigBee 模块通信的串口 2***/
    zigbee_config();
    UP_CDS_SetMode(1,CDS_MOTOMODE);
    disp_str("RFID",0,0);
//////////////////////////////////////////////////////////////
    ADC_config();

 while(1)
  {
        if(COM2.RX_TimeOut > 0)
        {
            if(--COM2.RX_TimeOut == 0)
            {
                if(COM2.RX_Cnt > 0)
                {
```

```
                        if（RX2_Buffer[4]==DEVICE_ID）
                        {
                         if（RX2_Buffer[5]==0x01）
                         {
                            UP_CDS_SetSpeed（1,512）；
                            Delayms（12000）；
                            UP_CDS_SetSpeed（1,0）；

                         }
                     }
            memset（RX2_Buffer,0,10）；
                 }
                    COM2.RX_Cnt = 0;
                }
            }
                disp_str（"          ",0,3）；
                disp_int（RFID_buffer,0,3）；
                if（RFID_buffer==0xba）
                {
                disp_str（"send",0,0）；
                Delayms（1000）；
                UP_CDS_SetSpeed（1,-512）；
                Delayms（12000）；
                UP_CDS_SetSpeed（1,0）；

                }
                RFID_buffer=0;
                Delayms（2）；
        }
}
```

代码分析

（1）由于篇幅有限，本示例程序只给出了主函数。

（2）主函数开始我们仍然需要进行一些必要的初始化操作。

（3）1 号电机控制小车运动，根据其功能，将其设置为伺服（舵机）模式。

（4）进入 while 函数，我们判断按键状态实现小车运动状态的转换。

8. 注意事项

（1）务必进行初始化系统、舵机模式选择等操作，否则可能出现难以预知的错误或故障。

（2）在完成每一个动作时注意延时一段时间，以使小车稳定下来。

（3）调整舵机转速时注意其可调速范围。

（4）注意每个舵机所控制的部分及其舵机号的对应关系。确认无误后方能运行程序，以免损坏设备。

9．实验总结与要求

附上正确的 main.c 程序源代码，含必要注释。

8.1.3　思考题

（1）试分析哪些加工流水线适合用运输车，哪些加工流水线适合用输送带。

（2）查找常用的将旋转运动转化成直线运动的机构，并举例说明工作原理。

（3）了解射频识别技术的优势与局限性。

8.2　交通灯控制系统

8.2.1　实验综述

交通信号灯（图 8-4）是交通安全产品中的一个类别，是为了加强道路交通管理，减少交通事故的发生，提高道路使用效率，改善交通状况的一种重要工具。它适用于十字、丁字等交叉路口，由道路交通信号控制机控制，指导车辆和行人安全有序地通行。目前已经投入使用的交通信号灯由红灯、绿灯、黄灯组成。红灯表示禁止通行，绿灯表示准许通行，黄灯表示警示。交通信号灯按指挥对象分为：机动车信号灯、非机动车信号灯、人行横道信号灯、方向指示指示灯（箭头信号灯）、车道信号灯、闪光警告信号灯、道路与铁路平面交叉道口信号灯等。随着社会的发展和人们生活水平的提高，马路上的机动车辆数量日益增多，道路交通信号灯成为必不可少的一种交通管理设施。

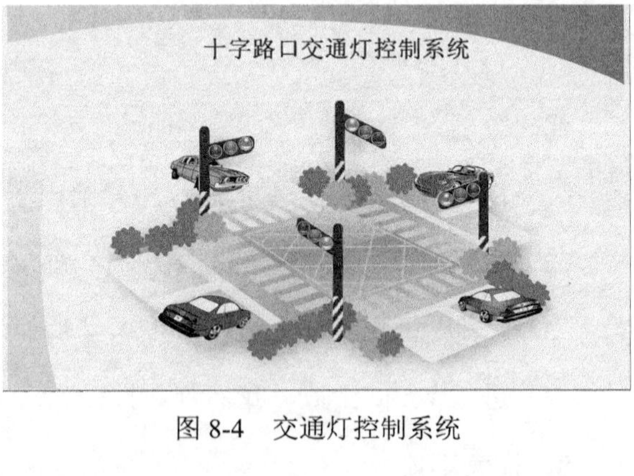

图 8-4　交通灯控制系统

8.2.2 实验部分

1. 实验目的

（1）了解交通信号灯的控制原理。

（2）认识实际道路交通信号灯等开关类器件的控制方法。

（3）培养信号指示系统的设计能力，培养逻辑思维。

2. 实验原理

交通信号灯由红灯（表示禁止通行）、绿灯（表示允许通行）、黄灯（表示警示）组成，如图 8-5 所示。不同的信号灯代表不同的含义，通过控制不同的信号灯亮灭的时序来达到疏导交通的目的。

3. 预习要求

（1）熟悉使用单片机控制 LED 灯的方法。

（2）熟悉 Keil μVision4 编程环境。

（3）提前了解实际道路交通灯控制系统的组成部分。

（4）了解十字路口信号灯的亮灭时序。

4. 实验仪器设备

（1）红、绿、黄 LED 灯	若干
（2）交通灯支架	4
（3）LUBY 控制器	1
（4）PC 机（带上位机）	1
（5）导线	若干

5. 结构、功能分析

（1）绿灯信号：绿灯信号是准许通行信号。绿灯亮时，准许车辆、行人通行，但转弯的车辆不准妨碍被放行的直行车辆和行人通行。

（2）红灯信号：红灯信号是绝对禁止通行信号。红灯亮时，禁止车辆通行。右转弯车辆在不妨碍被放行的车辆和行人通行的情况下，可以通行。

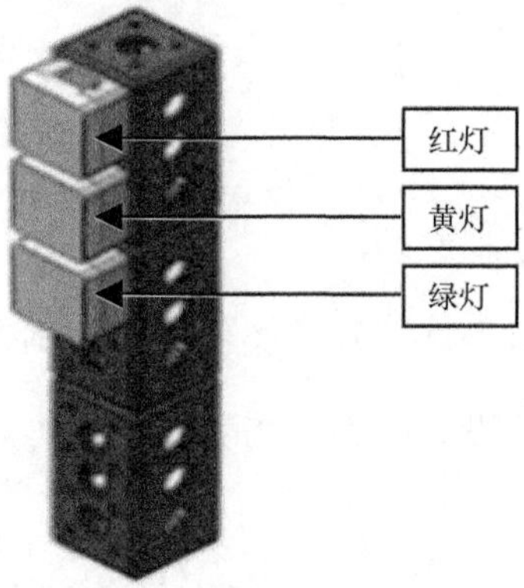

图 8-5　交通灯

红灯信号是带有强制意义的禁行信号，遇此信号时，被禁行车辆须停在停止线以外，被禁行的行人须在人行道边等候放行；机动车等候放行时，不准熄火，不准开车门，各种车辆驾驶员不准离开车辆；自行车左转弯不准推车从路口外边绕行，直行不准用右转弯方法绕行。

（3）黄灯信号：黄灯亮时，已越过停止线的车辆，可以继续通行。

黄灯信号的含义介于绿灯信号和红灯信号之间，既有不准通行的一面，又有准许通行的一面。黄灯亮时，警告驾驶人和行人通行时间已经结束，马上就要转换为红灯，应将车停在停止线后面，行人也不要进入人行横道。但车辆如因距离过近不便停车而越过停止线时，可以继续通行。已在人行横道内的行人要视来车情况，或尽快通过，或原地不动，或退回原处。

6．实验内容与步骤

（1）通过程序控制实现单个 LED 灯的间隔亮灭。

（2）利用多个 LED 灯实现顺序控制。

（3）搭建双向四车道十字路口的交通信号灯指示电路，要求每个方向存在左转、直行两类信号灯，每类信号灯只包含红灯和绿灯，编写控制程序。

（4）搭建双向六车道十字路口的交通信号灯指示电路，要求每个方向存在左转、直行、右转 3 类信号灯，每类信号灯只包含红灯和绿灯，并编写控制程序。（选做）

关键程序段：

```
if (COM2.RX_TimeOut > 0)  //超时计数
{
    if (--COM2.RX_TimeOut == 0)
    {
```

```
            if(COM2.RX_Cnt > 0)
            {
               if(RX2_Buffer[4]==DEVICE_ID)
               {
                if(RX2_Buffer[5]==led_red)
                {
                   green();
```

7. 实验程序分析

```
void red()
{
   io1=1;
   io2=0;
}
void green()
{
   io1=0;
   io2=1;
}
void blue()
{
   io1=1;
   io2=1;
}
Void ledOff()
{
   io1=0;
   io2=0;
}
void main(void)
{
  Delayms(2000);
  buzzer_power=0;
  EA=1; /**************打开总中断***********/
  Vcc33_EN=1; /********使能 3.3 V 电源系统***********/
  Timer0_init(); /********启动按键功能*****************/
  Servo_initiate();
  UART_config(); /***初始化和 zigbe 模块通信的串口 2***/
  zigbee_config();
  Vcc33_EN = 1;
  Lcd_init(); /********LCD 模块功能初始化************/
  disp_str("zigbee test",0,0);
   green();
   while(1)
```

```
    {
        Delayms (2) ;
         if (COM2.RX_TimeOut > 0)  //超时计数
        {
           if (--COM2.RX_TimeOut == 0)
           {
              if (COM2.RX_Cnt > 0)
              {
                 if (RX2_Buffer[4]==DEVICE_ID)
                 {
                  if (RX2_Buffer[5]==led_red)
                  {
                     green();
                      buzzer_on (500) ;
                     disp_str ("",0,0) ;
                     disp_str ("led_red",0,0) ;
                  }
                  if (RX2_Buffer[5]==led_green)
                 {
                       red();
                     disp_str ("",0,0) ;
                     disp_str ("led_green",0,0) ;
                  }
                  if (RX2_Buffer[5]==car_dao)
                  {
                       buzzer_on (5000) ;
                     disp_str ("",0,0) ;
                     disp_str ("car_dao",0,0) ;
                  }
               }
            memset (RX2_Buffer,0,10) ;
            }
              COM2.RX_Cnt = 0;
          }
       }
    }
}
```

代码分析

（1）由于篇幅有限，示例程序只附上了主函数及主要相关子函数。

（2）首先定义 4 个子函数，分别为点亮红、绿、蓝 LED 及熄灭所有 LED。

（3）进入主函数首先进行相关模块的初始化操作，默认打开绿灯。

（4）之后根据 ZigBee 接收到的设备信息，对 LED 和蜂鸣器做相应操作，实现相应功能。

8. 注意事项

（1）在主函数中必须要进行相应模块的初始化，否则系统可能出现不可预知的错误。

（2）若将子函数置于主函数后，须在主函数前申明。

（3）确认各模块控制号对应正确后方可启动系统。

9. 实验总结与要求

附上正确的 main.c 程序源代码，含必要注释。

8.2.3 思考题

结合国外的交通信号灯控制方式，思考我国的交通信号管制还可以在哪些地方改进。

8.3 自动窗

8.3.1 实验综述

智能建筑是指通过将建筑物的结构、系统、服务和管理根据用户的需求进行最优化组合，从而为用户提供一个高效、舒适、便利的人性化建筑环境。智能建筑是集现代科学技术之大成的产物。其技术基础主要由现代建筑技术、现代计算机技术、现代通讯技术和现代控制技术所组成。智能建筑在环境方面，使人们在智能建筑中生活和工作时，无论心理上，还是生理上均感到舒适。为此，空调、照明、消声、绿化、自然光及其他环境条件应达到较佳和最佳条件。其也提高了办公业务、通信、决策方面的工作效率，同时还有人力、时间、空间、资源、能量、费用以及建筑物所属设备系统使用管理方面的效率。智能建筑已经成为建筑行业和信息技术共同关心的新领域。自动窗（图 8-6）是智能建筑的一个比较好的例子，通过由温度传感器反馈的自动控制，使得人们不再花费时间和精力去开关窗户，而是自动控制窗户开合，达到人性化的操作。

图 8-6 自动窗

8.3.2　实验部分

1．实验目的

（1）了解分析自动窗的机械结构。

（2）编写程序实现窗户的开合。

（3）加深对智能建筑的理解。

（4）了解温度传感器的使用。

2．实验原理

要实现窗户开合的智能化，首先要有执行机构。通过一个四杆结构把舵机的旋转运动传递到窗户上，实现窗户绕转动轴的旋转，从而实现窗户的自动化控制。

3．预习要求

（1）熟悉使用单片机控制舵机方法。

（2）熟悉 Keil μVision4 编程环境。

（3）提前了解智能建筑的相关知识。

（4）了解四杆机构的分析方法。

4．实验仪器设备

（1）CDS5516 数字舵机	1
（2）专用模拟自动窗机构	1
（3）LUBY 控制器	1
（4）PC 机（带上位机）	1
（5）温度传感器	1

5．结构、功能分析

图 8-7 为常见的自动窗结构，这是一套铰链四杆机构，它是平面四杆机构的基本形式，其他形式的四杆机构可以认为是由它演化而来的。本实验中，摇杆 1 随舵轮做旋转运动，而自动窗与摇杆 2 相连，自动窗在舵机的带动下，自动开合。其运动时的力学分析见图 8-8。

6．实验内容与步骤

（1）搭建一套自动窗，了解自动窗的机械结构。

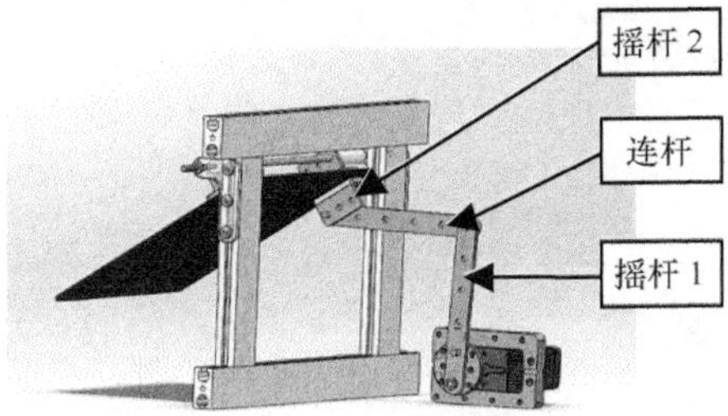

图 8-7　自动窗结构

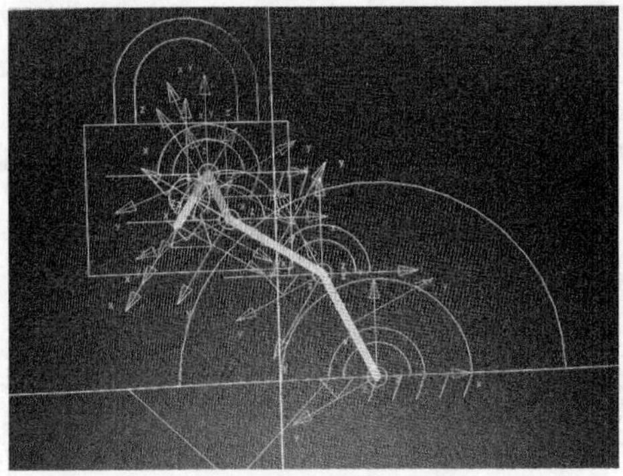

图 8-8　力学分析

（2）编写控制程序，通过按键控制实现自动窗的开合：按上键自动窗打开，按下键自动窗关闭。实现不同角度的开合，分别为 30°、90° 和 110°。注意计算舵机转角与窗户打开角度的关系，并将结果填入表 8-1 中。主要测量自动窗在起始位置时舵机的转角。注意将转速控制在合适的范围。

表 8-1　自动窗开合角度与舵机转角关系

自动窗开合角度（°）	舵机转角（°）
0	
30	
90	
110	

（3）编写程序，通过温度传感器反馈的数据进行控制，当温度越高时，窗户开合角度越大：温度为室温时自动窗关闭，温度接近体温时自动窗打开 30°。

关键代码：

```
k = Get_ADC10bitResult (ADC_CH1) ;
if (k > 510)
{
   UP_CDS_SetAngle (4, 650, 512) ;
   Delayms (1000) ;
}
```

7. 示例程序分析

```
#include"config.h"
sbit Vcc33_EN = P2^6;
void main (void)
```

```
{
    u16 k;
    EA=1; /*************打开总中断***********/
    Vcc33_EN = 1; /********使能 3.3 V 电源系统***********/
    Servo_initiate();
    ADC_config(AD1);
    UP_CDS_SetMode(4, CDS_SEVMODE);
    UP_CDS_SetAngle(4, 410, 512);
    m = 3;
    while(1)
    {
        Delayms(1);
        k = Get_ADC10bitResult(ADC_CH1);
        if(k > 510)
        {
            UP_CDS_SetAngle(4, 650, 512);
            Delayms(1000);
        }
        else
            Delayms(30);
    }
}
```

代码分析

（1）该示例程序通过使用模数转换模块实现了控制自动窗旋转一定角度的功能。

（2）头文件“config.h”包含了大量可供调用的函数，为编程提供了极大的便利。

（3）进入主函数，仍需进行必要的初始化。其中包括允许全局终端、使能电源系统、舵机串口初始化及模数转换模块初始配置等。

（4）根据自动窗中电机的功能将电机设置为伺服舵机模式，并令其复位。

（5）进入 while 循环，查询模数转换器返回的值，当该值大于某特定值（即温度大于某特定值）时，控制舵机转动一定角度，使自动窗打开，并延时一定时间。

8. 注意事项

（1）务必进行系统及所调用模块的初始化，否则将可能出现难以预知的错误。

（2）调节电机转速时注意其可调范围，以免损坏电机。

（3）确认所调用控制部件 ID 号对应无误后方可启动设备，以免损坏转置。

9. 实验总结与要求

附上正确的 main.c 程序源代码，含必要注释。

8.3.3 思考题

（1）调查在智能建筑中还包含哪些自动控制元素，并说明其用途及与传统方式相比的优点。

（2）本实验采用温度传感器来控制自动窗的开合，思考其他可用来控制自动窗的因素及对应的传感器。

（3）了解智能家居的概念。

8.4 自动门

8.4.1 实验综述

自动门（见图 8-9）从理论上讲应该是门的概念的延伸。经过几十年的发展，自动门技术已经很成熟，完全可以满足用户“简单实用，安全稳定”的技术要求。自动门在人流量密集的地方，有着显著的优势：第一，自动门的通行效率要远高于传统门；第二，自动门的每次开合，内部空气流出量要比普通门少，有效地抵御了外部风、灰尘、垃圾的进入，可大幅度改善大楼的室内环境；第三，自动门的安全性能更加卓越，由于自动门具备旋转速度控制机能，即使遇到强风天气，也能安全进出，具备逆旋转刹车机能，遇到突发情况也能在第一时间做出反应。自动门的工作原理是可以将人接近门的动作（或将某种入门授权）识别为开门信号，通过驱动系统将门开启，当检测到人离开后，再将门自动关闭。目前常用的传感器有红外传感器、超声波传感器、电磁感应传感器。

图 8-9 自动门

8.4.2　实验部分

1．实验目的

（1）了解分析自动门的机械结构。

（2）进一步学习红外感应模块的应用，使用该模块实现较复杂的控制。

（3）加深对智能建筑的理解。

2．实验原理

当红外传感器探测到信号时，发送指令让电机控制自动门旋转。通过实际测试得出最佳的旋转速度，从而实现自动门的自动化控制。

3．预习要求

（1）熟悉使用单片机控制直流电机的方法。

（2）熟悉 Keil μVision4 编程环境。

（3）提前了解智能建筑的相关知识。

4．实验仪器设备

（1）CDS5516 数字舵机	1
（2）专用模拟自动门机构	1
（3）LUBY 控制器	1
（4）PC 机（带上位机）	1
（5）红外传感器	1

5．结构、功能分析

三翼旋转门结构（图 8-10）简单实用，安全稳定，它将旋转通道体系和最大旋转直径融为一体，同时满足了“最大程度的通行量”与“完美无缺的除风效果”这两个相对立的条件。三翼旋转门内部空气流出量比普通门少，有效地抵御了外部风、灰尘、垃圾的进入，可大幅度改善楼宇的室内环境。它也节省了出入口空间，能获取更宽大的有效面积。

自动门控制要求

（1）变速功能：旋转门设有低速、常速和高速三种旋转速度，两个按钮进行切换，以适应正常运转和残疾人群通过的不同要求。

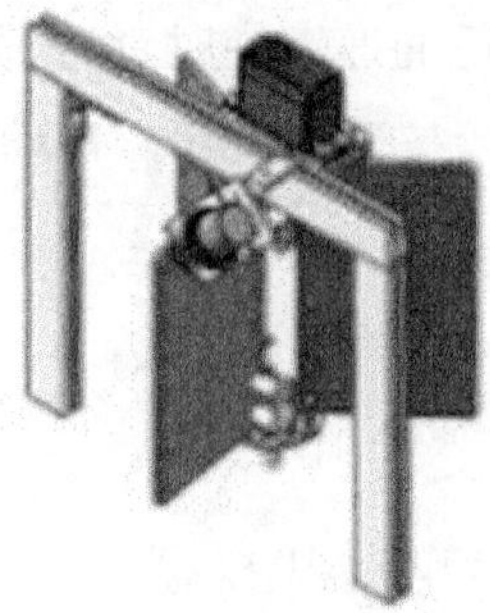

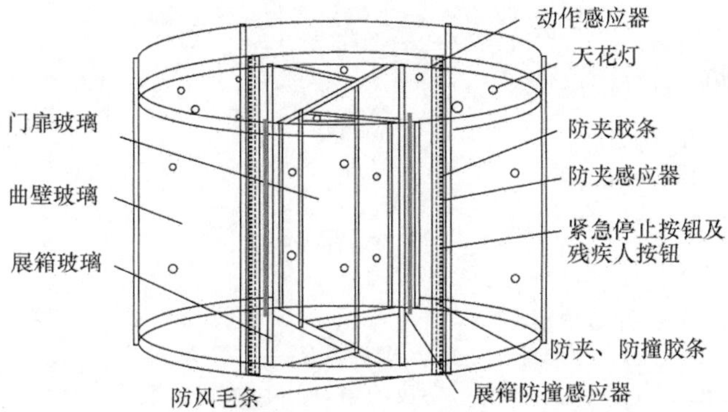

图 8-10 自动门结构

（2）自动转停功能：来人时，以高转速动转，2 min 无人进出时，则自动停转。

（3）防夹功能：当门扇运转靠近曲壁立柱时，如果行人试图从两者之间（防夹区）进入旋转门，则门立即自动停转以防夹伤人。行人离开防夹区，门自动恢复运转。

（4）防撞功能：行人紧靠右侧立柱或遇到物体碰撞右侧立柱，则旋转门马上停转，以防止撞伤行人或撞坏物体，行人或物体离开右侧立柱，自动门恢复运转。

（5）锁门功能：采用电磁锁方式锁门，只要转动钥匙即可完成自动锁门工作。

（6）STOP 按钮：与急停功能相当。

（7）电动机过载保护功能：当电动机过载时，门停转。过载消除后门自动恢复运转。

6．实验内容与步骤

（1）课下观察生活中自动门的结构及工作原理。

（2）搭建自动门控制系统。

（3）编写系统控制程序，实现以下功能：当没有物体靠近自动门时，自动门不转动；当物体靠近红外感应设备时，自动门以合适的速度逆时针转动；在 15 s 内检测不到物体的话，自动门自动停止转动；设计 STOP 按钮，按下该按钮，自动门立即停止转动。

关键程序段：

```
j = Get_ADC10bitResult (ADC_CH0) ; //查询法读一次 ADC 结果
if (j < 562)
{
UP_CDS_SetAngle_sec (9, 560, -512, 1) ;
Delayms (1500) ;
}
```

7. 实验程序分析

```
#include"config.h"
sbit Vcc33_EN = P2^6;
void main (void)
{
    u16 j;
    EA = 1; //打开总中断
    Vcc33_EN = 1; //使能 3.3 V 电源系统
    Servo_initiate(); //舵机对应的串口 4 初始化函数
    ADC_config (AD0) ; //ADC 的初始化配置函数
    UP_CDS_SetMode (9, CDS_SEVMODE) ;
    UP_CDS_SetAngle (9, 560, 512) ;
    while (1)
    {
        j = Get_ADC10bitResult (ADC_CH0) ; //查询法读一次 ADC 结果
        if (j < 562)
        {
            UP_CDS_SetAngle_sec (9, 560, -512, 1) ;
            Delayms (1500) ;
        }
        else
        Delayms (30) ;
    }
}
```

代码分析

（1）该示例程序通过使用模数转换模块实现了控制自动门旋转一定角度的功能。

（2）头文件“config.h”包含了大量可供调用的函数，为编程提供了极大的便利。

（3）进入主函数，仍需进行必要的初始化。其中包括允许全局终端、使能电源系统、舵机串口初始化及模数转换模块初始配置等。

（4）根据自动门中电机的功能将电机设置为伺服舵机模式，并令其复位。

（5）进入 while 循环，查询模数转换器返回的值，当该值小于某特定值（及距离小于某特定值）时，控制舵机转动一定角度，使自动门旋转，并延时一定时间以供人走过。

8．注意事项

（1）务必进行系统及所调用模块的初始化，否则将可能出现不可预知的错误。

（2）调节电机转速时注意其可调范围，以免损坏电机。

（3）确认所调用控制部件 ID 号对应无误后方可启动设备，以免损坏转置。

9．实验总结与要求

附上正确的 main.c 程序源代码，含必要注释。

8.4.3　思考题

（1）该系统中的红外距离传感器可否使用其他传感器替换？

（2）红外传感器接收到的信号是数字信号还是模拟信号？

8.5　剪叉升降机

8.5.1　实验综述

剪叉升降机（图 8-11）是用途广泛的高空作业专用设备，是靠剪刀式支承架的展开与折叠来完成平台的升降，其动力是通过舵机的旋转来推动剪刀的展开与折叠。通过对舵机转速的控制，能够控制升降机的升降速度和升降高度。剪叉升降机的剪叉机械结构，使升降机具有较高的稳定性；宽大的作业平台和良好的承载能力，使高空作业范围更大，并适合多人同时作业。它广泛地应用于工地、厂房、仓库、粮库、车站、宾馆、机场、码头、加油站、体育场、高架管道等高空设备的安装维修、清洁等，还用于起吊设备维护、野外电力设施维修、钢架结构厂房维修等。相比于货用电梯来讲，剪叉升降机的成本更低，而且能承受更大的负载，

图 8-11　剪叉升降机

稳定性也更加优越。

8.5.2　实验部分

1. 实验目的

（1）认识并熟悉各种多连杆机构。

（2）了解各种机械结构在实际机械系统中的作用。

（3）掌握多连杆机构的运动分析计算方法。

（4）培养学生利用连杆机构实现各种机械运动的能力。

2. 实验原理

剪叉升降机其实是一套多连杆机构。首先由曲柄滑块机构把舵机的旋转运动转化为滑块的直线运动，滑块运动使得菱形四杆机构变形，两顶点之间距离变化，通过多级连杆的传递使得升降台高度发生变化。具体原理为舵机转动，通过曲柄滑块机构将旋转运动转化为水平直线运动，然后通过多连杆机构，将水平位移转化为竖直位移，实现剪叉机的升降运动。当给定升降机上升高度后，需要经过计算，转化为舵机的转角，实现控制。

3. 预习要求

（1）熟悉使用单片机控制舵机方法。

（2）熟悉 Keil μVision4 编程环境。

（3）提前了解剪叉升降机结构的相关知识。

（4）了解多连杆机构的分析方法。

4. 实验仪器设备

（1）CDS5516 数字舵机	1
（2）专用模拟剪叉升降机机构	1
（3）LUBY 控制器	1
（4）PC 机（带上位机）	1
（5）游标卡尺和量角器	1

5. 结构和功能分析

剪叉升降机主要由两部分组成，第一部分为简单的曲柄滑块机构（图 8-12），第二部分为多连杆机构（图 8-13）。

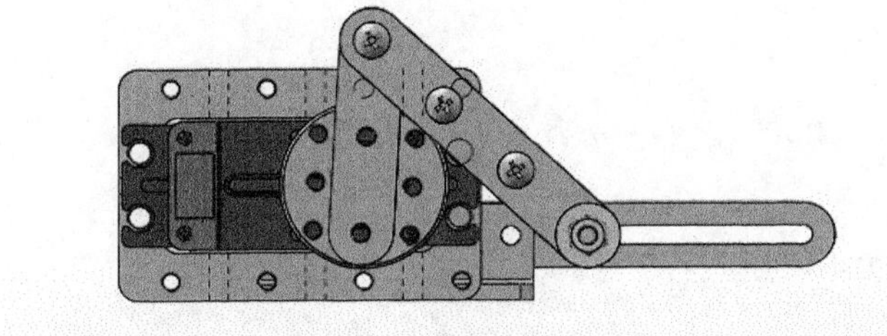

图 8-12 曲柄滑块机构

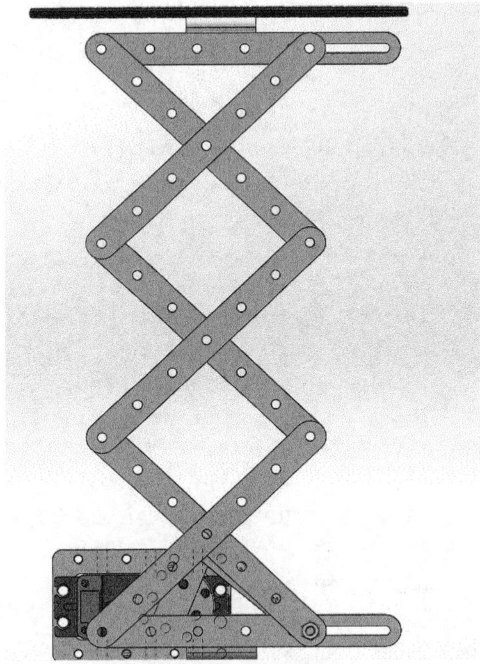

图 8-13 多连杆机构

6. 实验内容与步骤

（1）课上教师讲解多连杆机构各项运动的计算分析方法。

（2）分析计算本实验中多连杆机构行程 s 的范围、舵机转动角度的范围，得出 s 的表达式。

（3）编写控制程序，控制本实验的剪叉升降机从最低高度抬升至最高高度，再由最高的高度降低至最低高度，如此往复循环。

（4）通过电位器实现剪叉升降机的高度连续可调控制。

关键程序：

```
if（UP_ADC_GetIO（15）==1） //模数转换模块
UP_CDS_SetAngle（4, 230, 200）; //升起
```

7. 示例程序分析

```
#include "UPLib\\UP_System.h"
u16 time_count[2]={0};
```

```
u8 ifcount[2]={0};
u8 loop;
int main(void)
{
    s8 i;
    /*初始化系统*/
    UP_System_Init();
    UP_CDS_SetMode(4, CDS_SEVMODE);
    UP_delay_ms(20);
    while(1)
    {
        for(i=20;i>=0;i--)
        {
            ifcount[i]=0;
            time_count[i]=0;
        }
        loop=1;
        UP_CDS_SetAngle(4, 390, 200); //中央舞台
        UP_delay_ms(20);
        while(loop)
        {
            UP_delay_ms(10);
            if(UP_ADC_GetIO(15)==0)
            {
                UP_CDS_SetAngle(4, 390, 200); //降下
                ifcount[0]=1;
            }
            if(ifcount[0]==1)
            {
                if(UP_ADC_GetIO(15)==1)
                ifcount[0]=0;
                ifcount[1]=1;
            }
            if(ifcount[1]==1)
                time_count[1]++;
            if(time_count[1]==200)
            {
                time_count[1]=0;
                if(UP_ADC_GetIO(15)==1)
                UP_CDS_SetAngle(4, 230, 200); //升起
                ifcount[1]=0;
            }
            time_count[1]++;
            if(time_count[1]==6000)
```

```
            {
                time_count[1]=0;
                time_count[0]++;
                if(time_count[0]==4)
                {
                    time_count[0]=0;
                    loop=0;
                }
            }
        }
        UP_CDS_SetAngle(4, 390, 200); //中央舞台
        UP_delay_ms(3000);
    }
}
```

代码分析

（1）本程序大量使用了标志位，学生可通过该程序练习标志位的灵活使用。

（2）进入主函数，首先进行系统初始化和电机模式的选择。根据剪叉升降机实现的功能，将 4 号电机设置为伺服舵机模式。

（3）进入 while 循环，给各标志位赋初值并确保升降台处于最低位置。

（4）当 loop 标志位为 1 时升降台根据 15 通道的 IO 口状态上下运动。

（5）time_count 与 ifcount 两数组标志位控制了升降机工作的逻辑与时长。

8．注意事项

（1）务必进行系统及所调用模块的初始化，否则将可能出现不可预知的错误。

（2）调节电机转速时注意其可调范围，以免损坏电机。

（3）确认所调用控制部件 ID 号对应无误后方可启动设备，以免损坏转置。

9．实验总结与要求

附上正确的 main.c 程序源代码，含必要注释。

8.5.3 思考题

（1）分析计算升降机的控制舵机每旋转一周，升降机可以上升或下降的高度。

（2）根据试验中舵机的带载能力分析该剪叉升降机的承载能力。

（3）剪叉升降机在实际中有哪些应用？举例说明。

8.6　水平关节机器人

8.6.1　实验综述

关节机器人（图 8-14），也称关节手臂机器人或关节机械手臂，是当今工业领域中最常见的工业机器人的形态之一。它适合用于诸多工业领域的机械自动化作业，应用领域有装货、卸货、喷漆、表面处理、测试、测量、弧焊、点焊、包装、装配、切削加工、固定、特种装配操作、锻造、铸造等。在工业生产中使用关节机器人能够完成自动化的工作，提高生产效率，节约人力成本，但是缺点是开发控制系统需要很长的周期，前期需要投入资金较多。水平多关节型机器人具有结构紧凑、安装空间小、定位准确、效率高、刚性好等优点。水平关节机器人的动力由伺服电机提供，动作速度非常快，可以实现高精度的控制，在工业领域应用广泛。

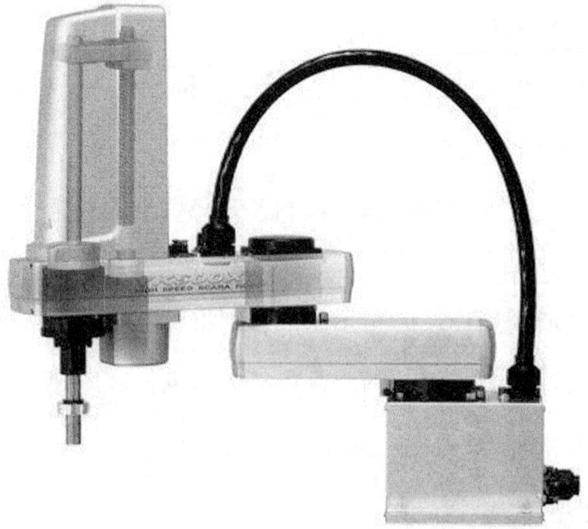

图 8-14　关节机器人

8.6.2　实验部分

1. 实验目的

（1）分析水平关节机器人的基本结构。

（2）分析从 A 点出发，到达任意一点，两个舵机分别需要转动的角度。

2. 实验原理

在水平方向具有两个自由度的机器人，活动范围更大，通过控制舵机旋转来完成机器人的移动。建立数学模型如图 8-15 所示。

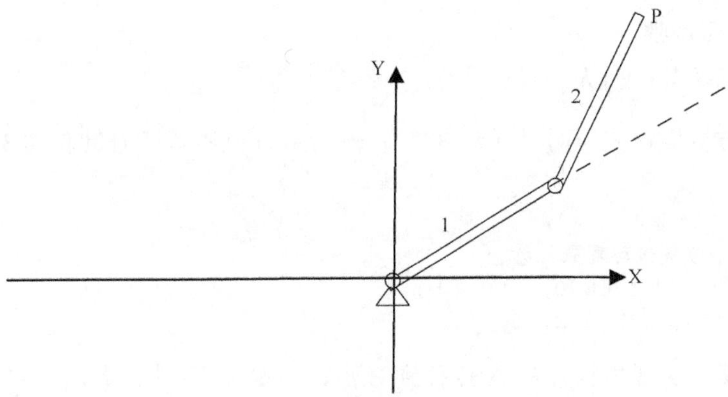

图 8-15　两自由度机器人数学模型

设杆长分别为 a 和 b，设杆 1 与图示水平正方向的夹角分别为 α（逆时针旋转为正），杆 2 与杆 1 的夹角为 β（逆时针为正），以杆件的固定点为原点建立坐标系，则杆件末端 P 点的坐标表示为：

$$x=a\cos\alpha+b\sin(\alpha+\beta)$$

$$y=a\sin\alpha+b\sin(\alpha+\beta)$$

由方程可知，P 点的工作空间为以（$a+b$）为半径的圆中。对于给定的 P 点位置，需要代入方程，反解出对应的舵机转角 α 和 β 即可。

3. 预习要求

（1）熟悉使用单片机控制舵机的方法。

（2）熟悉 Keil μVison4 编程环境。

（3）了解两自由度的机械手的应用。

4. 实验仪器设备

（1）CDS5516 数字舵机　　3

（2）水平关节机器人结构　　1

（3）LUBY 控制器　　1

（4）PC 机（带上位机）　　　　1

5．结构、功能分析

本实验是通过两个舵机配合，实现更大范围的水平移动。

6．实验内容与步骤

（1）搭建水平关节机器人。

（2）控制下方机械臂先顺时针转动 30°，然后上方机械臂顺时针转动 30°。

关键程序：

```
//机械臂由初始位置运动到原料盘上
UP_CDS_SetAngle(1, 890, 500,1);
UP_CDS_SetAngle(2, 552, 500,1);
```

（3）通过编程，实现将物体从 A 点移到 B 点，从 B 点移到 C 点，从 C 点移到 D 点，从 D 点移回到 A 点。

7．示例程序分析

```
#include "UPLib\\UP_System.h"
u8 run = 0;
int main(void)
{
    //初始化舵机模式
    UP_CDS_SetMode(1, CDS_SEVMODE); //设置 ID 为 1 的舵机为舵机模式
    UP_CDS_SetMode(2, CDS_SEVMODE); //设置 ID 为 2 的舵机为舵机模式
    UP_CDS_SetMode(3, CDS_SEVMODE); //设置 ID 为 3 的舵机为电机模式
    //初始化系统
    UP_System_Init();
    //进入 While(1)死循环
    while(1)
    {
        if(run == 0)
        {
          if(UP_Key_Up())
          {
            UP_CDS_SetAngle(3, 500, 1000,1); //上移
          }
          if(UP_Key_Down())
          {
             UP_CDS_SetAngle(3, 500, -1000,1); //下移
          }
          UP_delay_ms(80);
```

```
        }
        if(UP_Key_OK())
        {
            run = 1;
        }
        if(run == 1)
        {
                //初始化舵机角度
                UP_CDS_SetAngle(1, 820, 500,1);
                UP_CDS_SetAngle(2, 605, 500,1);
                UP_delay_ms(1000);
                //机械臂由初始位置运动到原料盘上
                UP_CDS_SetAngle(1, 890, 500,1);
                UP_CDS_SetAngle(2, 552, 500,1);
                UP_delay_ms(3000);
                //水平机械臂拿取原料
                UP_CDS_SetAngle(3, 500, -1000,6); //下降
                UP_delay_ms(7000);
                UP_CDS_SetAngle(3, 500, 1000,6);
                UP_delay_ms(7000);
                UP_CDS_SetAngle(1, 686 , 500,1);//设置舵机转角(0~1023对应0~300°),速度(0~1023)
                UP_delay_ms(1000);
        }
    }
}
```

代码分析

（1）该示例程序实现从原料台拿取物料的过程。

（2）该过程需要使用到 3 个 CDS5516，其中 1 和 2 控制两个关节水平转动，3 控制头部磁铁上下移动以吸取物料。根据各自功能要求，将 1 和 2 设置为舵机模式，3 设置为电机模式。

（3）初始化后，进入 while 循环。这里使用了一个运行模式为 run，但其为 0 时可使用上下按键微调校准磁铁位置；为 1 时则运行。通过“OK”按键确认运行。

（4）之后我们依次控制电机工作以实现拾取动作。

8. 注意事项

（1）务必进行初始化系统、舵机模式选择等操作，否则可能出现难以预知的错误或故障。

（2）在完成每一个动作时注意延时一段时间，以使机械臂稳定下来。

（3）调整舵机转速时注意其可调速范围。

（4）注意每个舵机所控制的部分及其舵机号的对应关系。确认无误后方能运行程序，以免损坏设备。

9．实验总结与要求

附上正确的 main.c 程序源代码，含必要注释。

8.6.3　思考题

（1）该机器人有几个自由度？

（2）计算该机器人的最大活动范围。

8.7　垂直关节机器人

8.7.1　实验综述

关节机器人用途广泛，垂直多关节机器人（图 8-16），可以在空间中各个面之间相互转换加工，能适应各种复杂的工况，动作相对水平关节机器人会稍慢一点。垂直关节机器人的动力由伺服电机提供，可以实现高精度的控制，在工业领域应用广泛。

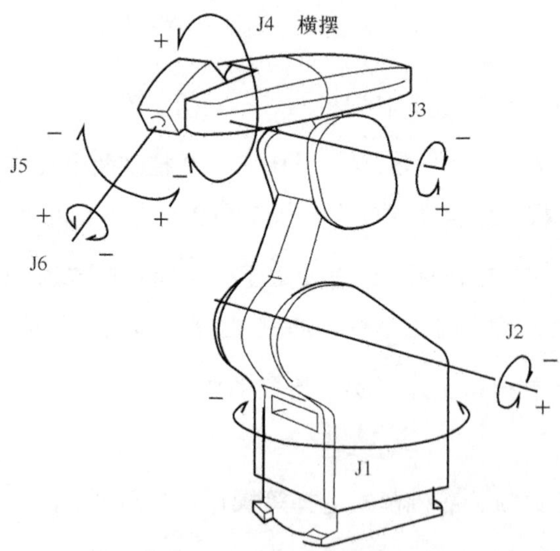

图 8-16　垂直多关节机器人

8.7.2　实验部分

1．实验目的

（1）了解臂型机器人的广泛应用。

（2）学习机械臂自由度概念。

（3）学习多舵机的协调控制。

2．实验原理

在垂直和水平方向具有 4 个自由度的机器人，活动范围更大，通过控制舵机旋转来完成机器人的移动。对于处于某位置的物体，需要将目标位置的三维坐标转化为 4 个舵机相应的转角。

3．预习要求

（1）熟悉使用单片机控制舵机的方法。

（2）熟悉 Keil μVision4 编程环境。

（3）了解多自由度的机械手的应用。

4．实验仪器设备

（1）CDS5516 数字舵机	4
（2）垂直关节机器人结构	1
（3）LUBY 控制器	1
（4）PC 机（带上位机）	1

5．结构、功能分析

本实验中的垂直关节机器人（图 8-17）由 4 个舵机驱动，能实现多个自由度的运动。在机器人抓取物体的时候，要注意多个舵机协调控制。

6．实验内容与步骤

（1）课上观察垂直关节机器人，并求出其自由度，计算其最大工作范围。

（2）搭建垂直关节机器人系统。

（3）编写程序实现机器人旋转 90°后，上臂下探 90°的操作。

（4）编写程序实现机器人精准抓取定点物体。

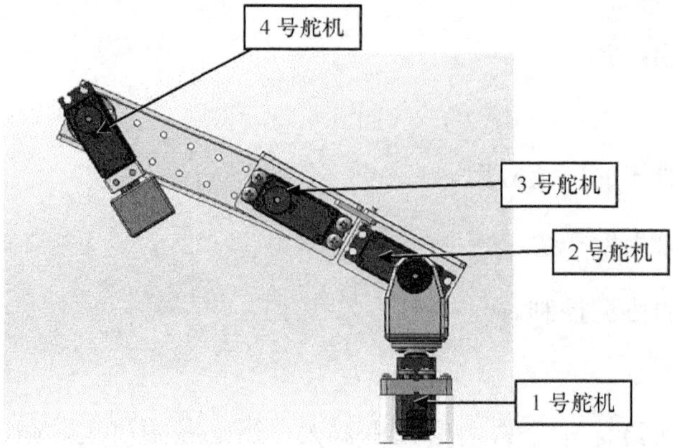

图 8-17　垂直关节机器人

关键程序段：

```
UP_CDS_SetAngle(8, 512, 300,1);//设置舵机转角(0~1023 对应 0~300°)，速度(0~1023)
UP_delay_ms(1000);//延时以使机械臂稳定，具体时长可根据用户手册设置
UP_CDS_SetAngle(9, 512, 300,1);
UP_delay_ms(1000);
UP_CDS_SetAngle(10,750, 500,1);
UP_delay_ms(2000);
```

（5）拓展实验：编写程序实现使用红外感应装置控制机器人抓取物体的功能。

7. 示例程序分析

```
#include "UPLib\\UP_System.h"
int main(void)
{
    //初始化舵机模式
    UP_CDS_SetMode(8, CDS_SEVMODE); //设置 ID 为 8 的舵机为舵机模式
    UP_CDS_SetMode(9, CDS_SEVMODE); //设置 ID 为 9 的舵机为舵机模式
    UP_CDS_SetMode(10, CDS_SEVMODE); //设置 ID 为 10 的舵机为舵机模式
    //初始化系统
    UP_System_Init();
    //进入 While(1)死循环
    while(1)
    {
        //初始化舵机角度
        UP_CDS_SetAngle(8, 100, 500,1);
        UP_CDS_SetAngle(9, 300, 500,1);
        UP_CDS_SetAngle(10,750, 500,1);
        UP_delay_ms(1000);
        //垂直关节机械臂将工件放到成品托盘上
```

```
        UP_CDS_SetAngle(8, 512, 300,1);//设置舵机转角(0~1023对应0~300°),速度(0~1023)
        UP_delay_ms(1000);
        UP_CDS_SetAngle(9, 512, 300,1);//设置舵机转角(0~1023对应0~300°),速度(0~1023)
        UP_delay_ms(1000);
        UP_CDS_SetAngle(10,750, 500,1);
        UP_delay_ms(2000);
        //初始化舵机角度
        UP_CDS_SetAngle(8, 100, 500,1);
        UP_CDS_SetAngle(9, 300, 500,1);
        UP_CDS_SetAngle(10,750, 500,1);
        UP_delay_ms(8000);
}
```

代码分析

（1）该示例程序实现用垂直机器人将工件放置在成品托盘上的过程。

（2）该过程需要使用到 3 个电机，根据各自功能要求，将 3 个电机设置为舵机模式。

（3）初始化后，进入 while 循环。

（4）之后我们依次控制舵机工作以实现放置动作。

8．注意事项

（1）务必进行初始化系统、舵机模式选择等操作，否则可能出现难以预知的错误或故障。

（2）在完成每一个动作时注意延时一段时间，以使机械臂稳定下来。

（3）调整舵机转速时注意其可调速范围。

（4）注意每个舵机所控制的部分及其舵机号的对应关系。确认无误后方能运行程序，以免损坏设备。

9．实验总结与要求

附上正确的 main.c 程序源代码，含必要注释。

8.7.3 思考题

（1）该机器人有几个自由度？

（2）计算该机器人的最大活动范围。

第 9 章 高级实验

9.1 熔丝堆积 3D 打印机

9.1.1 实验综述

3D 打印，即快速成型技术的一种，它是一种以数字模型文件为基础，运用粉末状金属或塑料等可黏合材料，通过逐层打印的方式来构造物体的技术。3D 打印通常是采用数字技术材料打印机来实现的。3D 打印技术首先应用在模具制造、工业设计等领域，被用于制造模型，后来逐渐用于一些产品的直接制造，已经有使用这种技术打印而成的零部件。该技术在珠宝、鞋类、工业设计、建筑、工程和施工（AEC）、汽车，航空航天、牙科和医疗产业、教育、地理信息系统、土木工程、枪支以及其他领域都有所应用。3D 打印技术分类如表 9-1 所示。

表 9-1　3D 打印技术分类

类　型	累积技术	基本材料
挤压	熔融沉积式（FDM）	热塑性材料，共晶系统金属，可食用材料
线	电子束自由成型制造（EBF）	几乎任何合金
粒状	直接金属激光烧结（DMLS）	几乎任何合金
	电子束熔化成型（EBM）	钛合金
	选择性激光熔化成型（SLM）	钛合金，钴铬合金，不锈钢，铝
	选择性热烧结（SHS）	热塑性粉末
	选择性激光烧结（SLS）	热塑性塑料，金属粉末，陶瓷粉末
粉末层喷头 3D 打印	石膏 3D 打印　（PP）	石膏

续表

类 型	累积技术	基本材料
层压	分层实体制造（LOM）	纸，金属膜，塑料薄膜
光聚合	立体平板印刷（SLA）	光硬化树脂
	数字光处理（DLP）	光硬化树脂

9.1.2 实验部分

1．实验目的

（1）了解熔丝堆积3D打印机的造型原理。

（2）认识3D打印技术在现在生产制造领域的作用。

（3）让学生了解曲柄滑块机构在实际生产中的应用。

2．实验原理

熔丝堆积成型工艺是将丝状的热熔性材料加热熔化，通过带有一个微细喷嘴的喷头挤喷出来。喷头可沿着Z轴方向移动，而工作台则沿X，Y轴方向移动。如果热熔性材料的温度始终稍高于固化温度，而成型部分的温度稍低于固化温度，就能保证热熔性材料挤喷出喷嘴后，随即与前一层面熔结在一起。一个层面沉积完成后，喷头按预定的增量上升一个层的厚度，再继续熔喷沉积，直至完成整个实体造型。

3．预习要求

（1）熟悉使用单片机控制舵机方法。

（2）熟悉Keil μVision4编程环境。

（3）了解连杆机构的分析方法。

（4）了解熔丝堆积3D打印技术的基本原理。

4．实验仪器设备

（1）CDS5516数字舵机 1

（2）简易熔丝堆积3D打印原理模拟机构 1

（3）LUBY控制器 1

（4）PC机（带上位机） 1

（5）导线　　　　　　　　　　　　　　若干

5．结构、功能分析

熔丝堆积成型 3D 打印机结构（图 9-1）主要分为喷头和工作台两个部分，其中图 9-2 为喷头运动机构，利用曲柄滑块机构带动喷头上下运动。工作台位水平运动，分为 X 轴和 Y 轴，各用一个电机驱动，结构也采用曲柄滑块机构，见图 9-3。

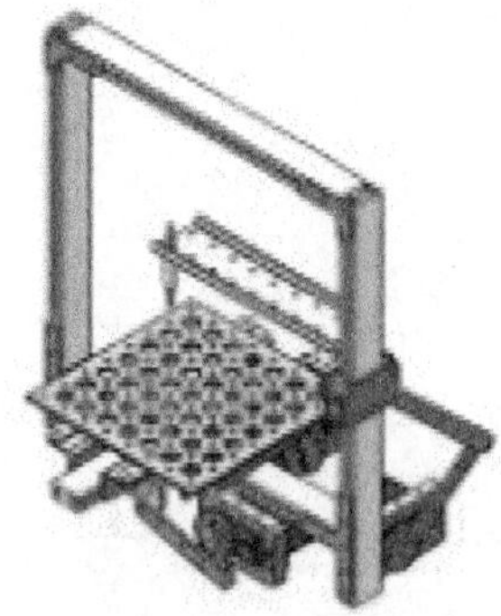

图 9-1　熔丝堆积成型 3D 打印机结构

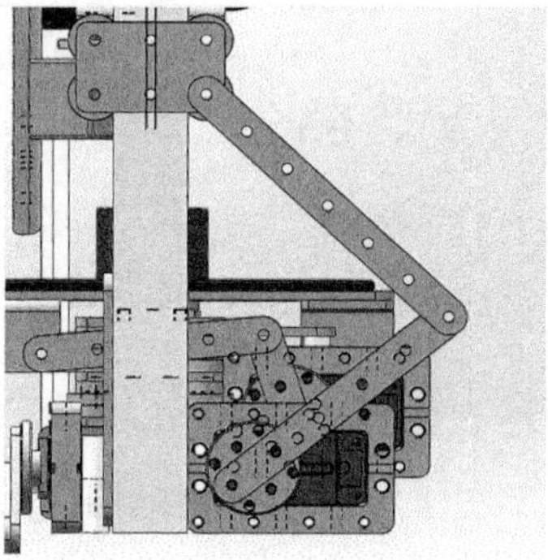

图 9-2　喷头运动机构

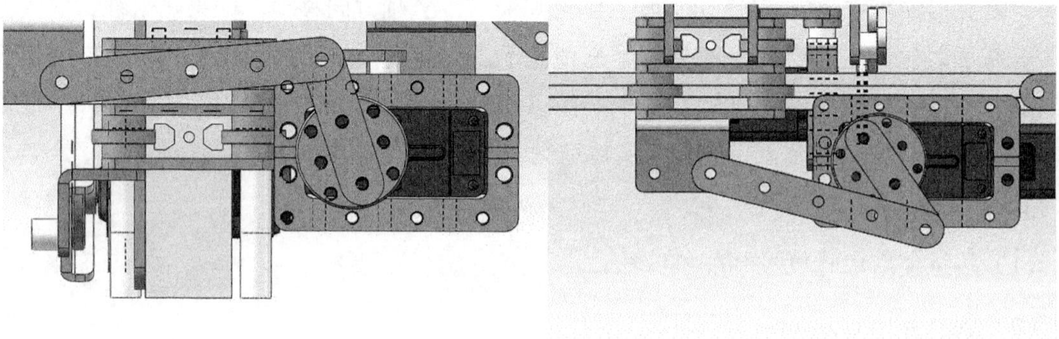

图 9-3　工作台两自由度运动机构

6．实验内容与步骤

（1）自行了解曲柄滑块机构的分析计算方法。

（2）对实验所提供的曲柄滑块机构进行计算分析，得出相关参数，得到舵机转动角度 ω 与滑块行程 S 之间的函数关系，分析急回系数 K。

（3）编写控制程序，控制两个曲柄滑块机构同时协作运动，模拟熔丝堆积 3D 打印机的打印过程，要求如下。

① 要求喷头每次上升一个层的厚度，即每次喷头上升的位移是相同的。

② 要求工作台在第一个层面的移动轨迹为正方形，在第二个层面上的移动轨迹为等边三角形，依次类推，完成十个层面的堆积即可。

关键程序段：

```
for (jia=0;jia<246;)
{
   UP_CDS_SetAngle (7, 345+jia, 600);
   UP_delay_ms (200);
   jia=jia+33;
   UP_delay_ms (10);
   UP_CDS_SetAngle (5, 136, 1000); //xy 扫描
```

……

7. 示例程序分析

```
#include "UPLib\\UP_System.h"
int main (void)
{
   intjia = 35;
   /*初始化系统*/
   UP_System_Init();
   UP_delay_ms (2000); //延时 2 s
   UP_CDS_SetMode (5,CDS_SEVMODE);
   UP_CDS_SetMode (6,CDS_SEVMODE);
   UP_CDS_SetMode (7,CDS_SEVMODE);
   /*进入 While (1) 死循环*/
   while (1)
   {
            UP_CDS_SetAngle (7, 559, 120); //使熔融堆丝机复位
            UP_delay_ms (100);
            UP_CDS_SetAngle (5, 551, 120);
            UP_delay_ms (100);
            UP_CDS_SetAngle (5, 551, 120);
            UP_delay_ms (100);
            UP_CDS_SetAngle (6, 688, 120);
            UP_delay_ms (100);
            UP_CDS_SetAngle (6, 688, 120);
            UP_delay_ms (100);
            UP_CDS_SetAngle (7, 345, 600);
            UP_delay_ms (500);
            for (jia=0;jia<246;)
            {
               UP_CDS_SetAngle (7, 345+jia, 600);
```

```
                UP_delay_ms（200）；
                jia=jia+33;
                UP_delay_ms（10）；
                UP_CDS_SetAngle（5, 136, 1000）； //xy 扫描
                UP_delay_ms（70）；
                UP_CDS_SetAngle（5, 136, 1000）； //xy 扫描
                UP_delay_ms（70）；
                UP_CDS_SetAngle（5, 136, 1000）； //xy 扫描
                UP_delay_ms（70）；
                UP_CDS_SetAngle（6, 253, 1000）；
                UP_delay_ms（70）；
                UP_CDS_SetAngle（6, 253, 1000）；
                UP_delay_ms（70）；
                UP_CDS_SetAngle（6, 253, 1000）；
                UP_delay_ms（70）；
                UP_CDS_SetAngle（5, 702, 1023）； //xy 扫描
                UP_delay_ms（80）；
                UP_CDS_SetAngle（5, 702, 1023）； //xy 扫描
                UP_delay_ms（80）；
                UP_CDS_SetAngle（5, 702, 1023）； //xy 扫描
                UP_delay_ms（80）；
                UP_CDS_SetAngle（6, 688, 1000）；
                UP_delay_ms（70）；
                UP_CDS_SetAngle（6, 688, 1000）；
                UP_delay_ms（70）；
                UP_CDS_SetAngle（6, 688, 1000）；
                UP_delay_ms（70）；
            }
            UP_CDS_SetAngle（7, 559, 300）；
            UP_delay_ms（750）；
            UP_CDS_SetAngle（7, 559, 300）；
            UP_delay_ms（750）；
            UP_CDS_SetAngle（7, 559, 300）；
            UP_delay_ms（750）；
            UP_CDS_SetAngle（5, 551, 120）；
            UP_delay_ms（300）；
            UP_CDS_SetAngle（5, 551, 120）；
            UP_delay_ms（300）；
            UP_CDS_SetAngle（6, 670, 120）；
            UP_delay_ms（300）；
            UP_CDS_SetAngle（6, 670, 120）；
            UP_delay_ms（300）；
    }
}
```

代码分析

（1）进入主函数，我们首先进行系统及调用模块的初始化。

（2）熔丝打印机使用了 5 号电机、6 号电机、7 号电机，5 号电机和 6 号电机分别控制平台在 X 方向和 Y 方向的运动，7 号电机控制打印臂。根据功能要求，均设为舵机模式。

（3）之后控制 3 个舵机进行相应动作实现打印功能即可。

8．注意事项

（1）务必进行初始化系统、舵机模式选择等操作，否则可能出现难以预知的错误或故障。

（2）在完成每一个动作时注意延时一段时间，以使机械臂稳定下来。

（3）调整舵机转速时注意其可调速范围。

（4）注意每个舵机所控制的部分及其舵机号的对应关系。确认无误后方能运行程序，以免损坏设备。

9．实验总结与要求

附上正确的 main.c 程序源代码，含必要注释。

9.1.3 思考题

（1）简要说明熔丝堆积 3D 打印机的工作原理。

（2）该系统使用了怎样的机械结构，使用该结构有何优缺点？

（3）计算舵机旋转一周工作台移动的距离。

9.2 光敏成型 3D 打印机

9.2.1 实验综述

光敏成型 3D 打印机（图 9-4）利用的是光敏树脂立体成型技术，这项技术 1987 年在加拿大的 Valencia 三维系统上首次试验成功并获得专利，目前已大面积推广应用，获得了巨大经济和社会效益。光敏树脂立体成型技术是计算机、激光、光学扫描、光化学等多项科学技术的综合应用。光敏树脂立体成型技术（SLA）是直接将 CAD 所获得的三维数学模型储存在 SLA 设备的单板处理机中。单板处理机的作用是将三维数学模型转换成一系列二维分层图像，每一个分层代表设计实体的一个剖面。然后 SLA 设备使用计算机控制的光学扫描系统，用紫外线激光作为光源，对由聚丙烯单体与光引发剂组成的液态光敏树脂——光聚合物，在树脂熔池表面，逐点扫描出每一个二维分层图像。紫外线激光扫描到的地方，光敏树脂经光化学作用，形成一个与二维分层图像完全一致的固化塑料层。形成的固化层随即沉入熔池。第二个分层又继续扫描固化成型并下沉，与前一分层黏合。如此循环重复，自下而上，逐层固化成型黏合，直至形成与 CAD 三维数学模型精确地一致的固体塑料立体模型为止。

图 9-4　光敏成型 3D 打印机

9.2.2　实验部分

1．实验目的

（1）了解了解光敏成型的基本原理。

（2）分析 3D 打印机的机械结构。

（3）学会模拟光敏成型 3D 打印设备的工作方式。

2．实验原理

光敏树脂立体成型技术（SLA）是利用激光逐层照射光敏树脂（液态）使其固化成型。激光烧结的表面不动，由托盘牵引已经成型的部分逐步上升，最终完成全部打印过程。

3．预习要求

（1）熟悉使用单片机控制舵机方法。

（2）熟悉 Keil μVision4 编程环境。

（3）了解光敏树脂立体成型技术的基本原理。

4．实验仪器设备

（1）CDS5516 数字舵机	1
（2）简易光敏树脂立体成型原理模拟机构	1
（3）LUBY 控制器	1
（4）PC 机（带上位机）	1
（5）导线	若干

5. 结构、功能分析

光敏成型工艺是基于液态光敏树脂的光聚合原理工作的。这种液态材料在一定波长和功率（P=30 mW）的紫外激光的照射下能迅速发生光聚合反应，相对分子质量急剧增大，材料也就从液态转变成固态。通过计算机控制紫外激光扫描指定区域，将扫描区域的光敏树脂固化，逐层堆积。制件的性能相当于工程塑料或蜡模。

光敏成型 3D 打印机机械结构如图 9-5 所示，其工作台为固定，紫外激光灯沿 Z 轴移动，本实验中舵机通过一个曲柄滑块机构，实现激光灯运动。

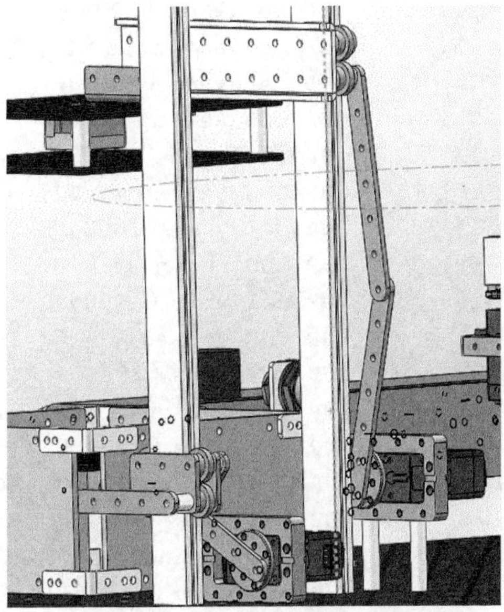

图 9-5　光敏成型 3D 打印机机械结构

6. 实验内容与步骤

（1）搭建光敏成型 3D 打印机工作模型。

（2）编程控制紫外激光灯实现：启动→位移 5 cm→停止 2 s→位移 5 cm→停止 2 s→位移 5 cm→停止 5 s→降至初始位置。

关键程序段：

```
UP_CDS_SetAngle（10, 460, 120）;//光敏树脂成型打印机
UP_delay_ms（500）;
UP_CDS_SetAngle（11, 334, 300）;//光池
UP_delay_ms（200）;
```

（3）拓展实验：结合垂直关节机器人，实现：货物从 A 处放到打印机处，打印完成后，再把货物放至 B 处。

7. 示例程序分析

```
#include "UPLib\\UP_System.h"
int main（void）
{
    /*初始化系统*/
    UP_System_Init();
    UP_CDS_SetMode（10,CDS_SEVMODE）;
    UP_CDS_SetMode（11,CDS_SEVMODE）;
    /*进入 While（1）死循环*/
```

```
    while(1)
    {
        UP_CDS_SetAngle(10, 460, 120);//光敏树脂成型打印机复位
        UP_delay_ms(500);
        UP_CDS_SetAngle(11, 334, 120);
        UP_delay_ms(500);
        UP_CDS_SetAngle(11, 334, 300);//光池
        UP_delay_ms(200);
        UP_CDS_SetAngle(11, 400, 120);//光池
        UP_delay_ms(1000);
        UP_CDS_SetAngle(10, 459, 120);
        UP_delay_ms(1000);
        UP_CDS_SetAngle(10, 180, 500);//光敏树脂成型打印机打印
        UP_delay_ms(200);
        UP_CDS_SetAngle(10, 210, 500);//光敏树脂成型打印机打印
        UP_delay_ms(200);
        UP_CDS_SetAngle(10, 242, 300);//光敏树脂成型打印机打印
        UP_delay_ms(200);
        UP_CDS_SetAngle(10, 268, 500);//光敏树脂成型打印机打印
        UP_delay_ms(200);
        UP_CDS_SetAngle(10, 294, 500);//光敏树脂成型打印机打印
        UP_delay_ms(200);
        UP_CDS_SetAngle(10, 320, 500);//光敏树脂成型打印机打印
        UP_delay_ms(200);
        UP_CDS_SetAngle(10, 346, 500);//光敏树脂成型打印机打印
        UP_delay_ms(200);
        UP_CDS_SetAngle(10, 372, 500);//光敏树脂成型打印机打印
        UP_delay_ms(200);
        UP_CDS_SetAngle(10, 398, 500);//光敏树脂成型打印机打印
        UP_delay_ms(200);
        UP_CDS_SetAngle(10, 417, 500);//光敏树脂成型打印机打印
        UP_delay_ms(200);
        UP_CDS_SetAngle(11, 334, 700);
        UP_delay_ms(1000);
        UP_CDS_SetAngle(10, 460, 700);//光敏树脂成型打印机复位
        UP_delay_ms(1000);
    }
}
```

代码分析

（1）进入主函数，我们首先进行系统及调用模块的初始化。

（2）熔丝打印机使用了 10 号电机和 11 号电机，10 号电机控制平台 Z 方向的运动，11 号

电机控制光池。根据功能要求，均设为舵机模式。

（3）之后控制两个舵机进行相应动作实现打印功能即可。

8．注意事项

（1）务必进行初始化系统、舵机模式选择等操作，否则可能出现难以预知的错误或故障。

（2）在完成每一个动作时注意延时一段时间，以使机械臂稳定下来。

（3）调整舵机转速时注意其可调速范围。

（4）注意每个舵机所控制的部分及其舵机号的对应关系。确认无误后方能运行程序，以免损坏设备。

9．实验总结与要求

附上正确的 main.c 程序源代码，含必要注释。

9.2.3　思考题

（1）简要说明光敏成型 3D 打印机的工作原理。

（2）举例说明 3D 打印技术的工程应用。

9.3　语音电梯

9.3.1　实验综述

随着社会的发展，人们对生活条件的要求越来越高。而语音识别这一重要技术将会越来越广泛应用于工业、家电、通信、汽车电子、医疗、家庭服务、消费电子产品等各个领域。“语音控制升降电梯”将语音识别与控制技术结合，实现自动电梯（图 9-6）语音控制，运用语音代替人工按键，控制电梯的自动运行，既方便了乘客，又提高了自动电梯的效率和智能化水平。该技术已普遍运用于为残障人士服务，体现了社会的人文关怀。

图 9-6　自动电梯

9.3.2　实验部分

1．实验目的

（1）了解电梯运行的工作原理。

（2）学习语音控制模块的使用。

（3）学习进行较复杂的逻辑控制。

2．实验原理

通过语音识别系统判断操作者想要到达的楼层，再控制舵机牵引电梯轿厢到达相应的楼层。

3．预习要求

（1）熟悉使用单片机控制舵机方法。

（2）熟悉 Keil μVision4 编程环境。

（3）了解电梯的牵引系统。

（4）了解语音识别模块的作用。

4．实验仪器设备

（1）CDS5516 数字舵机	1
（2）简易电梯系统结构件	1
（3）LUBY 控制器	1
（4）PC 机（带上位机）	1
（5）语音识别系统	1
（6）导线	若干

5．结构、功能分析

图 9-7 为电梯的曳引结构，在实际模型中舵机直接带动曳引轮转动，将曳引绳绕在曳引轮上，从而实现轿厢的上下移动。

图 9-8 为本实验实际搭建的构型，图中舵机直接带动曳引轮旋转。

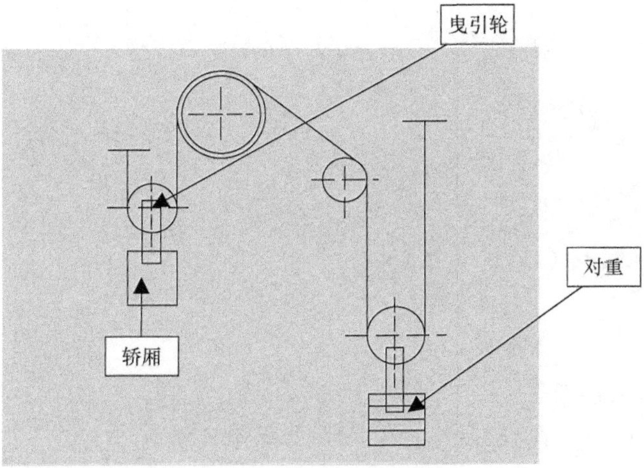

图 9-7　电梯的曳引结构

图 9-8　实际模型

语音控制模型：

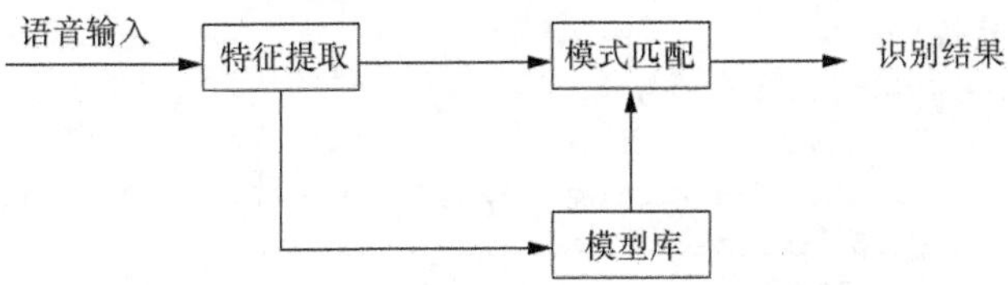

语音识别方法主要是模式匹配法。在训练阶段，用户将词汇表中的每一词依次说一遍，并且将其特征矢量作为模板存入模板库。在识别阶段，将输入语音的特征矢量依次与模板库中的每个模板进行相似度比较，将相似度最高者作为识别结果输出。

6．实验内容与步骤

（1）搭建语音控制电梯运行系统。

（2）编写程序使电梯上升到指定楼层，且相应楼层门打开。

（3）编写程序使用语音控制，使电梯上升到任意指定楼层，层门打开并保持一段时间；然后在语音控制下，下降到任意楼层，层门打开并保持一段时间。

关键代码段：

```
switch (voice_id)
{
case 1: UP_LCD_ShowCharacterString (0, 0, "升一") ;
        if (m<5)
        {
          UP_CDS_SetAngle_sec (2, 1023, -912,1) ;
          UP_delay_ms (3000) ;
          UP_CDS_SetAngle (3, 300, 512) ;
          UP_delay_ms (2000) ;
          UP_CDS_SetAngle (3, 512, 512) ;
          UP_delay_ms (500) ;
          m++;
        }
break;
case 2: UP_LCD_ShowCharacterString (4, 0, "降一") ;
…
```

7. 示例程序分析

```
#include"UPLib\\UP_System.h"
u8 zigbee_tx_buffer[10]={1,2}; /***zigbee发送数据缓冲区***/
int main()
{
   u16 m;
   UP_delay_ms (24000) ;
   UP_Woody_Init();
   /*初始化系统*/
   UP_Zigbee_EnableIT ( ) ;
   UP_System_Init();
   UP_LCD_ShowCharacterString (0,1,"系统启动..") ; //显示汉字字符串 LOGO
   UP_IOout_SetIO (buzzer_power_IO_num,0) ;
   UP_delay_ms (1500) ;
   zigbee_init();
   UP_LCD_ClearScreen();
   UP_Woody_StartSpeechRecognize();//启动语音识别，"呗"的一声响，启动成功，无数据返回
   UP_CDS_SetMode (2, CDS_SEVMODE) ;
   UP_CDS_SetMode (3, CDS_SEVMODE) ;
   UP_CDS_SetAngle (2, 1023, 512) ;
   UP_delay_ms (20) ;
   UP_CDS_SetAngle (3, 512, 512) ;
   UP_delay_ms (20) ;
   m=3;
   while (1)
   {
     if (UP_Key_Up() )
     {
       zigbee_tx_buffer[0] = 0x01;
```

```
            UP_Zigbee_SendData(DEST_ID_1,1,zigbee_tx_buffer);
            UP_delay_ms(30);
            UP_Zigbee_SendData(DEST_ID_2,1,zigbee_tx_buffer);
            UP_delay_ms(30);
            UP_Zigbee_SendData(DEST_ID_3,1,zigbee_tx_buffer);
            UP_delay_ms(30);
        }
        if(UP_Key_OK())
        {
          UP_Woody_CloseSpeechRecognize();
          UP_delay_ms(300);
          UP_Woody_StartSpeechRecognize();
          UP_delay_ms(300);
        }
        if(revoic_flage==0XAC)
        {
            UP_LCD_ShowCharacterString(0, 0, "请说指令");
            UP_Woody_Speech_ReadData();//读数据
        }
        if(voice_id!=0)
        {
            switch(voice_id)
            {
            case 1: UP_LCD_ShowCharacterString(0, 0, "升一");
                        if(m<5)
                         {
                          UP_CDS_SetAngle_sec(2, 1023, -912,1);
                  UP_delay_ms(3000);
                 UP_CDS_SetAngle(3, 300, 512);
                 UP_delay_ms(2000);
                 UP_CDS_SetAngle(3, 512, 512);
                 UP_delay_ms(500);
                       m++;
              }
           break;
            case 2: UP_LCD_ShowCharacterString(4, 0, "降一");
                         if(m>3)
                         {
                            UP_CDS_SetAngle_sec(2, 1023, 912,1);
                            UP_delay_ms(3000);
                 UP_CDS_SetAngle(3, 300, 512);
                 UP_delay_ms(2000);
                 UP_CDS_SetAngle(3, 512, 512);
                 UP_delay_ms(500);
                 m--;
                         }
```

```
            break;
            case 5: UP_LCD_ShowCharacterString(0, 0, "升二");
                    if(m==3)
                    {
                        UP_CDS_SetAngle_sec(2, 1023, -912,2);
                 UP_delay_ms(5000);
                UP_CDS_SetAngle(3, 300, 512);
                UP_delay_ms(2000);
                UP_CDS_SetAngle(3, 512, 512);
                UP_delay_ms(500);
                       m=5;
              }
           break;
           case 6: UP_LCD_ShowCharacterString(4, 0, "降二");
                if(m==5)
                {
                  UP_CDS_SetAngle_sec(2, 1023, 912,2);
                  UP_delay_ms(5000);
                  UP_CDS_SetAngle(3, 300, 512);
                  UP_delay_ms(2000);
                  UP_CDS_SetAngle(3, 512, 512);
                  UP_delay_ms(500);
                  m=3;
                }
           break;
               default: UP_LCD_ShowCharacterString(0, 3, "其他");
                        UP_delay_ms(20);
               break;
               }
           }
            voice_id =0;
            revoic_flage=0XAC;
            UP_Woody_Speech_ClearData();
            UP_LCD_ClearScreen();
            UP_delay_ms(80);
        }
    }
```

代码分析

（1）本例需要定义一个 ZigBee 数据发送缓冲区，这是一个全局变量，在 ZigBee 相应的库函数中将对该数组进行读取。

（2）进入主函数，我们仍需对使用到的模块进行必要的初始化，之前的实验已多次提到，在此不再赘述。

（3）根据实现的功能，我们设置两个控制电机为舵机模式。

（4）进入 while 循环，我们对“确定”按键及上按键定义了功能，并对语音识别部分进行了必要的定义。

（5）最终，我们根据语音识别结果 voice_id 判断应执行的操作（上升/下降）。

8．注意事项

（1）必须进行系统及所调用模块的初始化，否则将可能出现不可预知的错误。

（2）调节电机转速时注意其可调范围，以免损坏电机。

（3）由于是全局变量，数据发送缓冲区的数组名不要随意修改。

（4）确认所调用控制部件 ID 号对应无误后方可启动设备，以免损坏装置。

9．实验总结与要求

附上正确的 main.c 程序源代码，含必要注释。

9.3.3 思考题

（1）简要说明 ZigBee 传输协议的工作方式。

（2）语音识别可通过哪些方式实现？现在有哪些主流的方法？

9.4 自动客厅场景系统

9.4.1 实验综述

当下，随着科技的发展，越来越多的自动化、智能化的产品进入到人们的生活，智能家居正逐渐取代传统家居，成为一种行业发展潮流。智能客厅场景系统作为智能家居系统的一个重要子系统，具有高效节能、管理简单、控制多样、成本较低和容易进入市场的优势。生活中常常遇到这样的问题，当在客厅中看电视或读书时并不需要太强烈的照明光线，不得不关掉客厅大灯开启光线相对较暗的其他灯具。为了满足不同场合的照明要求，需要安装多种灯具，这给灯具控制带来极大的不方便，智能照明系统能轻松解决这个问题。只要按下手中的遥控器就能换转场景灯光照明，因此受到广大消费者的欢迎。

9.4.2　实验部分

1．实验目的

（1）认识自动控制系统在智能家居中的应用。

（2）加深对智能控制系统和人类日常需要之间关系的理解。

（3）学会并掌握使用语音识别模块。

2．实验原理

通过语音识别系统判断操作者想要进行的操作，本实验只进行幕布的自动控制来体现自动控制场景。若控制者命令为操作投影系统，则系统再控制舵机牵引幕布的升降。

3．预习要求

（1）熟悉使用单片机控制舵机方法。

（2）熟悉 Keil μVision4 编程环境。

（3）了解投影仪幕布的升降系统。

（4）了解语音识别模块的作用。

4．实验仪器设备

（1）CDS5516 数字舵机	1
（2）简易投影仪幕布结构件	1
（3）LUBY 控制器	1
（4）PC 机（带上位机）	1
（5）语音识别系统	1
（6）导线	若干

5．结构、功能分析

图 9-9 为客厅的投影幕布，由舵机带动收放，舵机输出旋转运动，控制舵机的旋转即可收放投影幕布。

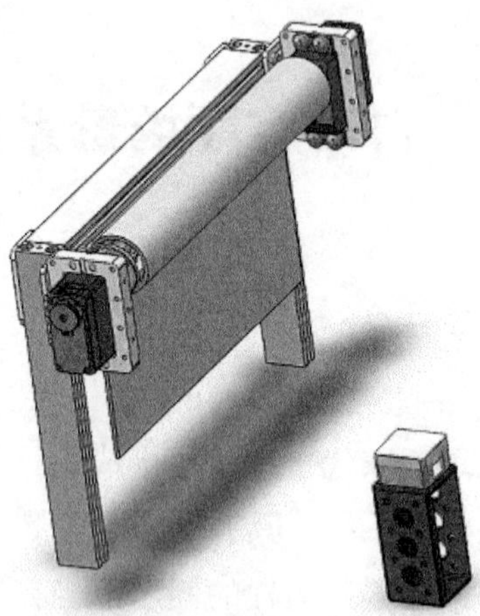

图 9-9　投影幕布

语音控制方式已在 9.3.2 节详细介绍，此处不再赘述。

6. 实验内容与步骤

（1）搭建语音控制自动客厅放映系统，并确定舵机应旋转多少度使幕布完全放下。

（2）编写程序控制舵机使放映幕布放下，延时 10 s 后收起。

（3）编写程序使用语音控制，使幕布放下或收起。

关键程序段：

```
void asr_handle(u8 ID)
{
    if(ID==4)
    {
        zigbee_tx_buffer[0] = 4;
        UP_Zigbee_SendData(DEST_ID_1,1,zigbee_tx_buffer);
    }
    if(ID==5)
    {
        zigbee_tx_buffer[0] = 5;
        UP_Zigbee_SendData(DEST_ID_1,1,zigbee_tx_buffer);
    }
}
```

7. 示例程序分析

```
#include"UPLib\\UP_System.h"
u8 run=0;
voidasr_handle(u8 ID);
u8 zigbee_tx_buffer[5]={0}; /***zigbee发送数据缓冲区**/
int main()
{
   UP_Woody_Init();
   /*初始化系统*/
   UP_Zigbee_EnableIT( );
   UP_System_Init();
   UP_delay_ms(1500);
   zigbee_init();
   while(1)
   {
      if(run==1)
      {
         if(revoic_flage==0XAC)
            UP_Woody_Speech_ReadData();//读数据
         if(voice_id!=0)
```

```
            {
              asr_handle(voice_id);
              voice_id =0;
            }
        }
        if(zigbee_receive_num!=0)
        {
          zigbee_receive_num=0;
          memset(UP_Zigbee_RecBuf,0,80);
        }
        if(UP_Key_Up())
        {
           zigbee_tx_buffer[0] = 0x03;
           zigbee_tx_buffer[1] = 0x02;
           UP_Zigbee_SendData(DEST_ID_3,2,zigbee_tx_buffer);
        }
        if(UP_Key_OK())
        {
           run=0x01;
           UP_Woody_CloseMusicPlay();
           UP_Woody_CloseSpeechRecognize();
           UP_delay_ms(200);
           UP_Woody_StartSpeechRecognize();
           UP_Woody_Speech_ReadData();//读数据
        }
        if(UP_Key_Down())
        {
           zigbee_tx_buffer[0] = 0x03;
           zigbee_tx_buffer[1] = 0x03;
           UP_Zigbee_SendData(DEST_ID_3,2,zigbee_tx_buffer);
        }
        if(UP_Key_BACK())
        {
           if(run==0)
           {
              UP_Woody_CloseSpeechRecognize();
              UP_Woody_StartMusicPlay();
              UP_delay_ms(400);
              UP_Woody_CloseMusicPlay();
              UP_Woody_StartSpeechRecognize();
           }
           run=1;
        }
```

```
        UP_delay_ms(50);
    }
}
Void asr_handle(u8 ID)
{
    if(ID==4)
    {
        zigbee_tx_buffer[0] = 4;
        UP_Zigbee_SendData(DEST_ID_1,1,zigbee_tx_buffer);
    }
    if(ID==5)
    {
        zigbee_tx_buffer[0] = 5;
        UP_Zigbee_SendData(DEST_ID_1,1,zigbee_tx_buffer);
    }
}
```

代码分析

（1）进入主函数，首先进行初始化操作，以使系统能够正常工作。

（2）进入 while 循环，检测各个按键的状态，实现读取语音功能。

（3）读取成功后置标志位 run 为 1，则可进入语音识别，识别出语音所对应 ID 号

（4）调用 asr_handle 函数实现语音号对应的功能。

8．注意事项

（1）在主函数中必须要进行相应模块的初始化，否则系统可能出现不可预知的错误。

（2）若将子函数置于主函数后，须在主函数前申明。

（3）确认各模块控制号对应正确后方可启动系统。

9．实验总结与要求

附上 main 函数及所调用的子函数代码，含必要注释。

9.4.3 思考题

（1）自动客厅场景系统可实现哪些功能的自动控制？

（2）可通过接收哪些用户信号实现场景的自动变换？

9.5　智能轮椅

9.5.1　实验综述

随着社会的发展和人类文明程度的提高，人们特别是残疾人愈来愈需要运用现代高新技术来改善他们的生活质量和生活自由度。因为各种交通事故、天灾人祸和疾病，每年均有成千上万的人丧失一种或多种能力（如行走、动手能力等）。因此，对用于帮助残疾人行走的智能轮椅的研究已逐渐成为热点，如西班牙、意大利等国，中国科学院自动化研究所也成功研制了一种具有视觉和口令导航功能并能与人进行语音交互的智能轮椅。

图 9-10　智能轮椅

智能轮椅（图 9-10）主要有口令识别与语音合成、机器人自定位、动态随机避障、多传感器信息融合、实时自适应导航控制等功能。其关键技术是安全导航问题，采用的基本方法是靠超声波和红外测距，个别也采用了口令控制。超声波和红外导航的主要不足在于可控测范围有限，视觉导航可以克服这方面的不足。在机器人轮椅中，轮椅的使用者应是整个系统的中心和积极的组成部分。对使用者来说，智能轮椅应具有与人交互的功能。这种交互功能可以很直观地通过人机语音对话来实现。

9.5.2　实验部分

1. 实验目的

（1）了解轮椅的循迹算法。

（2）了解轮椅对于红绿灯信号的识别方法。

（3）了解轮椅在倾倒后发出危险警报的原理。

2. 实验原理

智能轮椅有自主判断前进方向、翻倒后报警的作用。其自主按照设计方向前进在本实验

中依靠循迹来实现，给轮椅安装循迹传感器，让其按照固定的路线前进。翻倒后报警采用的是倾斜传感器，当倾斜传感器感应到轮椅的角度大于临界角度时，发出报警信号。

3. 预习要求

（1）熟悉使用单片机控制舵机方法。

（2）熟悉 Keil μVision4 编程环境。

（3）了解循迹模块的使用方法。

（4）了解倾斜传感器的使用方法。

4. 实验仪器设备

（1）CDS5516 数字舵机	2
（2）简易轮椅车	1
（3）LUBY 控制器	1
（4）PC 机（带上位机）	1
（5）循迹模块	1
（6）倾斜传感器	1
（7）导线	若干

5. 结构、功能分析

图 9-11 为本实验中的智能轮椅构型，轮椅的两个轮子分别由两个舵机控制。巡线传感器用于识别引导白线，倾角传感器用于在倾倒后发出报警信号。

（1）巡线传感器。小车循迹指的是小车在白色地板上循黑线行走，通常采取的方法是红外探测法。红外探测法，即利用红外线在不同颜色的物体表面具有不同的反射强度的特点，在小车行驶过程中不断地向地面发射红外光，当红外光遇到白色纸质地板时发生漫反射，反射光被装在小车上的接收管接收；如果遇到黑线则红外光被吸收，小车上的接收管接收不到红外光。单片机就是否收到反射回来的红外光为依据来确定黑线的位置和小车的行走路线。

（2）倾角传感器。倾角传感器的理论基础是牛顿第二定律：根据基本的物理原理，在一个系统内部，速度是无法测量的，但却可以测量其加速度。如果初速度已知，就可以通过积分算出线速度，进而可以计算出直线位移，所以它其实是运用惯性原理的一种加速度传感器。

当倾角传感器静止时也就是侧面和垂直方向没有加速度作用，那么作用在它上面的只有重力加速度。重力垂直轴与加速度传感器灵敏轴之间的夹角就是倾斜角了。倾角传感器从工作原理上可分为“固体摆”式、“液体摆”式、“气体摆”式 3 种。

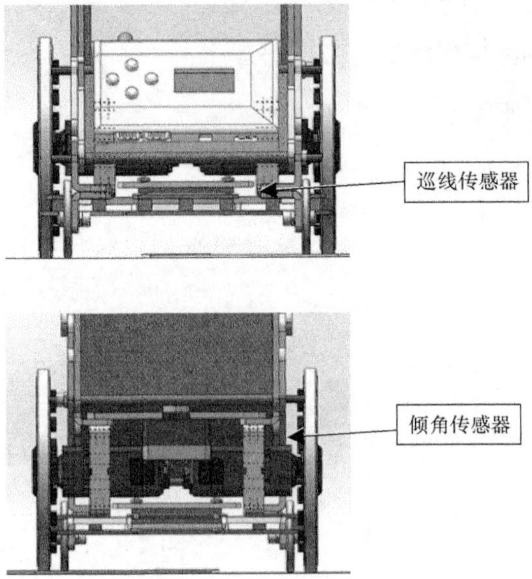

图 9-11　智能轮椅构型

6．实验内容与步骤

（1）编程使轮椅能够循迹前行。

（2）编程使轮椅在倾倒后及时发出危险警报。

关键代码段：

```
if (checkPosition()==1)
{
    ifrun=0;
    stop();
    disp_str("",0,0);
    disp_str("car_dao",0,2);
    tx_buf[0]=car_dao;
    UP_Zigbee_SendData(DEST_ID_main,1,tx_buf);
    Delayms(10);
    UP_Zigbee_SendData(DEST_ID_led,1,tx_buf);
}
```

7. 实验程序分析

```
void run()
{
    UP_CDS_SetSpeed(2, 300);
    UP_CDS_SetSpeed(1, -260);
    UP_delay_ms(10);
    UP_CDS_SetSpeed(2, 300);
    UP_CDS_SetSpeed(1, -260);
}
void stop()
{
    UP_CDS_SetSpeed(2, 0);
    UP_CDS_SetSpeed(1, 0);
    UP_delay_ms(10);
    UP_CDS_SetSpeed(2, 0);
    UP_CDS_SetSpeed(1, 0);
}
u8 checkPosition()
{
    u16 j;
    j = Get_ADC10bitResult(5);
    disp_ch(j/1000 + '0',0,2);
    disp_ch(j%1000/100 + '0',8,2);
    disp_ch(j%100/10 + '0',16,2);
    disp_ch(j%10 + '0',24,2);
    if(j>100)
    {
        return 1;
    }
    return 0;
}
voidreadRFID()
{
    u8 OnBridge1=115;
    u8 LeaveBridge1=335;
    u8 ArriveBridge2=301;
    u8 OnBridge2=135;
    disp_str("",0,3);
    disp_int(RFID_buffer,0,3);
    if(RFID_buffer==OnBridge1)
    {
        stop();
```

```
        ifrun=0;
        tx_buf[0]=car_onbridge1;
        UP_Zigbee_SendData(DEST_ID_dianti,1,tx_buf);
    }
    if(RFID_buffer==LeaveBridge1)
    {
        tx_buf[0]=car_leave1;
        UP_Zigbee_SendData(DEST_ID_dianti,1,tx_buf);
    }
    if(RFID_buffer==ArriveBridge2)
    {
        stop();
        ifrun=0;
        tx_buf[0]=car_arrive2;
        UP_Zigbee_SendData(DEST_ID_dianti,1,tx_buf);
    }
    if(RFID_buffer==OnBridge2)
    {
        ifrun=0;
        stop();
        tx_buf[0]=car_onbridge2;
        UP_Zigbee_SendData(DEST_ID_dianti,1,tx_buf);
    }
    RFID_buffer=0;
}
void main(void)
{
    EA=1; /**************打开总中断***********/
    Vcc33_EN=1; /********使能 3.3 V 电源系统***********/
    Timer0_init(); /********启动按键功能*****************/
    Servo_initiate();
    UART_config(); /***初始化和 zigbe 模块通信的串口 2***/
    zigbee_config();
    Vcc33_EN = 1;
    Lcd_init(); /********LCD 模块功能初始化************/
    disp_str("zigbee test",0,0);
    ADC_config();
    UP_CDS_SetMode(1, CDS_MOTOMODE);
    UP_CDS_SetMode(2, CDS_MOTOMODE);
    while(1)
    {
         Delayms(1);
         if(COM2.RX_TimeOut > 0) //超时计数
```

```
        {
            if(--COM2.RX_TimeOut == 0)
            {
                if(COM2.RX_Cnt > 0)
                {
                    if(RX2_Buffer[4]==DEVICE_ID)
                    {
                        if(RX2_Buffer[5]==led_red)
                        {
                            ifrun=1;
                            ifCrossAllowed=1;
                            disp_str("",0,0);
                            disp_str("led_red",0,0);
                        }
                        if(RX2_Buffer[5]==led_green)
                        {
                            ifCrossAllowed=0;
                            disp_str("",0,0);
                            disp_str("led_green",0,0);
                        }
                        if(RX2_Buffer[5]==dianti1_down)
                        {
                            ifBridge1Ready=1;
                            disp_str("",0,0);
                            disp_str("dianti1_down",0,0);
                        }
                        if(RX2_Buffer[5]==dianti1_up)
                        {
                            ifBridge1Ready=0;
                            ifrun=1;
                            disp_str("",0,0);
                            disp_str("dianti1_up",0,0);
                        }
                        if(RX2_Buffer[5]==dianti2_down)
                        {
                            ifBridge2Ready=0;
                            ifrun=1;
                            disp_str("",0,0);
                            disp_str("dianti2_down",0,0);
                        }
                        if(RX2_Buffer[5]==dianti2_up)
                        {
                            ifBridge2Ready=1;
```

```
                            ifrun=1;
                            disp_str("",0,0);
                            disp_str("dianti2_up",0,0);
                        }
                    }
                memset(RX2_Buffer,0,10);
                }
                COM2.RX_Cnt = 0;
            }
        }
        if(checkPosition()==1)
        {
            ifrun=0;
            stop();
            disp_str("",0,0);
            disp_str("car_dao",0,2);
            tx_buf[0]=car_dao;
            UP_Zigbee_SendData(DEST_ID_main,1,tx_buf);
            Delayms(10);
            UP_Zigbee_SendData(DEST_ID_led,1,tx_buf);
        }
        else
        {
            ifrun=1;
            disp_str("",0,2);
        }
        time_count[0]++;
        if(time_count[0]==1000)
        {
            time_count[0]=0;
            if(ifrun==1)
            {
                run();
            }
        }
        if(Key_Value==LEFT_KEY)
        {
            Key_Value=0;
            tx_buf[0]=car_arrive1;
          UP_Zigbee_SendData(DEST_ID_dianti,1,tx_buf);
        }
        if(Key_Value==RIGHT_KEY)
        {
```

```
                    Key_Value=0;
                    tx_buf[0]=car_arrive2;
                  UP_Zigbee_SendData(DEST_ID_dianti,1,tx_buf);
               }
               readRFID();
          }
     }
```

代码分析

（1）由于篇幅有限，示例程序只附上了主函数及主要相关子函数。首先定义 4 个子函数，分别为 run、stop、checkPosition、readRFID，我们依次加以分析。

① run 函数中主要设置了两电机的转速，这是控制轮椅运行的子函数。

② stop 函数将两电机转速设置为 0，这是控制轮椅停止的子函数。

③ checkPosition 将轮椅的位置显示在 LCD 上，并根据所处位置返回不同值。

④ readRFID 函数实现轮椅根据其位置自动启停的功能。

（2）进入主函数首先进行相关模块的初始化操作，设置两电机为电动机模式。

（3）进入 while 循环，根据接收到的状态位决定前进或停止。该状态位包含了交通灯状态、轮椅所处位置信息。根据这些信息进行相应控制实现对应功能即可。

8．注意事项

（1）在主函数中必须要进行相应模块的初始化，否则系统可能出现不可预知的错误。

（2）若将子函数置于主函数后，须在主函数前申明。

（3）确认各模块控制号对应正确后方可启动系统。

9．实验总结与要求

附上正确的 main 函数及所调用的子函数代码，含必要注释。

9.5.3 思考题

（1）该轮椅实现自动循迹的工作原理是怎样的？

（2）该轮椅是怎样实现通过天桥的？

（3）智能轮椅是怎样接收红绿灯信号的？

9.6　自动隔断幕墙

9.6.1　实验综述

智能建筑是指通过将建筑物的结构、系统、服务和管理根据用户的需求进行最优化组合，从而为用户提供一个高效、舒适、便利的人性化建筑环境。智能建筑是集现代科学技术之大成的产物，已经成为建筑行业和信息技术共同关心的新领域。自动隔断幕墙（图 9-12）是智能建筑中的一个部分，通过电机自动控制幕墙的开合，达到人性化的操作。

图 9-12　自动隔断幕墙

9.6.2　实验部分

1．实验目的

（1）了解自动幕墙的结构设计。

（2）学习搭建简单的机械结构。

（3）进一步学习使用舵机进行直线运动控制。

2．实验原理

通过绳索机构控制幕墙的打开和闭合。幕墙的运动方向由舵机的转向控制。

3．预习要求

（1）熟悉使用单片机控制舵机方法。

（2）熟悉 Keil μVision4 编程环境。

（3）了解智能建筑的概念。

（4）了解自动隔断幕墙的结构。

4. 实验仪器设备

（1）CDS5516 数字舵机	1
（2）简易自动隔断幕墙结构	1
（3）LUBY 控制器	1
（4）PC 机（带上位机）	1
（5）导线	若干

5. 结构、功能分析

图 9-13 为实验中自动幕墙构型，绳索绕在舵机舵盘上，当舵机转动时，绳索牵引幕墙开闭。

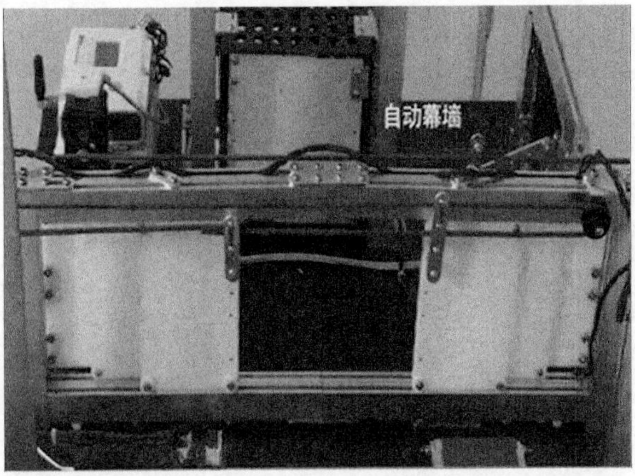

图 9-13 自动幕墙构型

6. 实验内容与步骤

（1）课上分析幕墙机械结构，计算当舵机转过多大角度时幕墙完全开启。

（2）搭建自动幕墙控制系统。

（3）编写程序控制舵机实现幕墙的开启和关闭。

（4）拓展实验：使用任意传感器实现幕墙的自动开启和关闭。

以下为使用语音控制幕墙开启的关键程序：

```
switch (voice_id)
{
   case 3:  UP_LCD_ShowCharacterString (0, 1, "打开") ;
   if (k<4)
   {
        UP_CDS_SetSpeed (5, -1000) ;
        UP_delay_ms (20) ;
        UP_CDS_SetSpeed (6, 680) ;
        UP_delay_ms (3000) ;
        UP_CDS_SetSpeed (5, -1000) ;
        UP_CDS_SetSpeed (6, 0) ;
        UP_delay_ms (1200) ;
        UP_CDS_SetSpeed (5, 0) ;
        UP_CDS_SetSpeed (6, 0) ;
        UP_delay_ms (40) ;
        k++;
   }
```

7. 示例程序分析

```
#include"UPLib\\UP_System.h"
u8 zigbee_tx_buffer[10]={1,2}; /***zigbee发送数据缓冲区***/
int main()
{
    u16 k;
    UP_delay_ms (24000) ;
    UP_Woody_Init();
    /*初始化系统*/
    UP_Zigbee_EnableIT ( ) ;
    UP_System_Init();
    UP_LCD_ShowCharacterString (0,1,"系统启动..") ; //显示汉字字符串 LOGO
    UP_IOout_SetIO (buzzer_power_IO_num,0) ;
    UP_delay_ms (1500) ;
    zigbee_init();
    UP_LCD_ClearScreen();
    UP_Woody_StartSpeechRecognize();//启动语音识别，"呗"的一声响，启动成功，无
数据返回
    UP_CDS_SetMode (5, CDS_MOTOMODE) ;
    UP_CDS_SetMode (6, CDS_MOTOMODE) ;
    UP_CDS_SetSpeed (5, 0) ;
    UP_delay_ms (20) ;
    UP_CDS_SetSpeed (6, 0) ;
    UP_delay_ms (20) ;
    k=3;
    while (1)
```

```
{
    if(UP_Key_Up())
    {
      zigbee_tx_buffer[0] = 0x01;
       UP_Zigbee_SendData(DEST_ID_1,1,zigbee_tx_buffer);
       UP_delay_ms(30);
       UP_Zigbee_SendData(DEST_ID_2,1,zigbee_tx_buffer);
       UP_delay_ms(30);
       UP_Zigbee_SendData(DEST_ID_3,1,zigbee_tx_buffer);
       UP_delay_ms(30);
    }
    if(UP_Key_OK())
    {
      UP_Woody_CloseSpeechRecognize();
      UP_delay_ms(300);
      UP_Woody_StartSpeechRecognize();
      UP_delay_ms(300);
    }
    if(revoic_flage==0XAC)
    {
       UP_LCD_ShowCharacterString(0, 0, "请说指令");
       UP_Woody_Speech_ReadData();//读数据
    }
    if(voice_id!=0)
    {
       switch(voice_id)
       {
       case 3: UP_LCD_ShowCharacterString(0, 1, "打开");
                   if(k<4)
                   {
                      UP_CDS_SetSpeed(5, -1000);
                      UP_delay_ms(20);
                      UP_CDS_SetSpeed(6, 680);
                      UP_delay_ms(3000);
                      UP_CDS_SetSpeed(5, -1000);
                      UP_CDS_SetSpeed(6, 0);
                      UP_delay_ms(1200);
                      UP_CDS_SetSpeed(5, 0);
                      UP_CDS_SetSpeed(6, 0);
                      UP_delay_ms(40);
                      k++;
                   }
      break;
      case 4: UP_LCD_ShowCharacterString(4, 1, "隔断");
                   if(k>3)
                   {
```

```
                        UP_CDS_SetSpeed(5, 1000);
                          UP_delay_ms(20);
                          UP_CDS_SetSpeed(6, -500);
                          UP_delay_ms(4000);
                          UP_CDS_SetSpeed(5, 1000);
                          UP_CDS_SetSpeed(6, 0);
                          UP_delay_ms(1650);
                          UP_CDS_SetSpeed(5, 0);
                          UP_CDS_SetSpeed(6, 0);
                          UP_delay_ms(40);
                          k--;
                        }
            break;
            default: UP_LCD_ShowCharacterString(0, 3, "其他");
                        UP_delay_ms(20);
            break;
            }
        }
         voice_id =0;
         revoic_flage=0XAC;
         UP_Woody_Speech_ClearData();
         UP_LCD_ClearScreen();
         UP_delay_ms(80);
    }
}
```

代码分析

（1）本例需要定义一个 zigbee 数据发送缓冲区，这是一个全局变量，在 ZigBee 相应的库函数中将对该数组进行读取。

（2）进入主函数，我们仍需对使用到的模块进行必要的初始化，之前的实验已多次提到，在此不再赘述。

（3）根据实现的功能，我们设置两个控制电机为电动机模式。

（4）进入 while 循环，我们对“确定”按键及上按键定义了功能，并对语音识别部分进行了必要的定义。

（5）最终，我们根据语音识别结果 voice_id 判断应执行的操作（打开/隔断）。

8. 注意事项

（1）必须进行系统及所调用模块的初始化，否则将可能出现不可预知的错误。

（2）调节电机转速时注意其可调范围，以免损坏电机。

（3）由于是全局变量，数据发送缓冲区的数组名不用修改。

（4）确认所调用控制部件 ID 号对应无误后方可启动设备，以免损坏转置。

9. 实验总结与要求

附上 main 函数及所调用的子函数代码，含必要注释。

9.6.3 思考题

（1）自动隔断幕墙主要用于哪些场合？

（2）要实现上述场合的功能需要借助哪些传感器？

（3）对自动隔断幕墙的材质应有哪些要求？

第3篇

创新篇

第 10 章 智能家居场景

10.1 场景简介

智能家居构型（图 10-1）是使用卓越之星套件搭建的智能家居系统模型，通过套件提供的结构和控制组件，实现家居设备的手动控制、语音控制、自动控制、场景智能控制等功能。根据系统的分布式的特点，采用多个控制器，通过 ZigBee 组网技术，实现了传感器信息的互联共享，通过人性化的流程设计，实现客厅功能场景的自动控制。从技术构成上来看，整个系

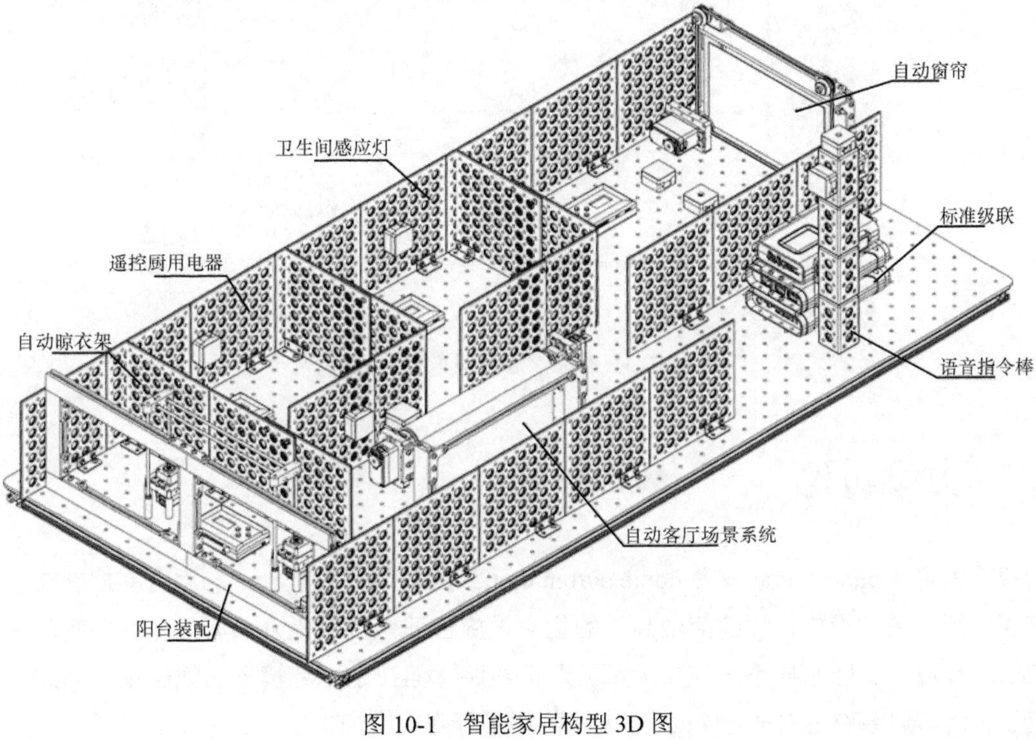

图 10-1　智能家居构型 3D 图

统与实际智能家居系统的主流通讯控制核心 CC2530 保持一致，能对实际的智能家居系统开发起到很好的模拟效果。系统中包含的对照明灯、晾衣架、窗帘、投影设备等模型机构的自动控制和语音控制有很深的探讨和扩展空间。智能家居场景布局如图 10-2 所示，平面示意图如图 10-3 所示。

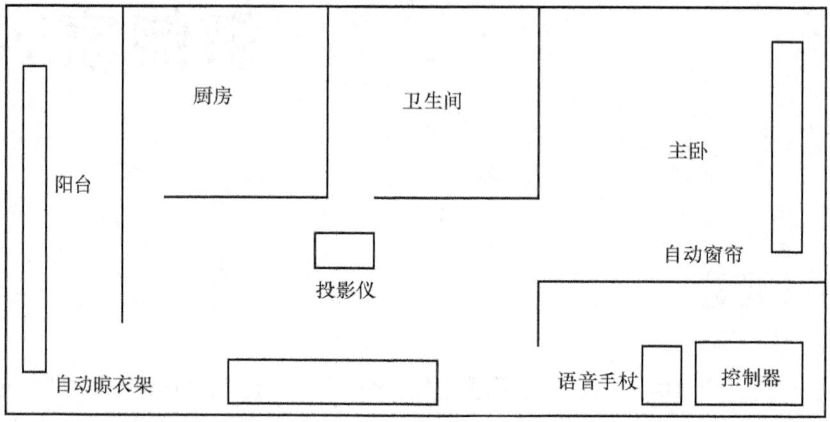

图 10-2 场景布局图

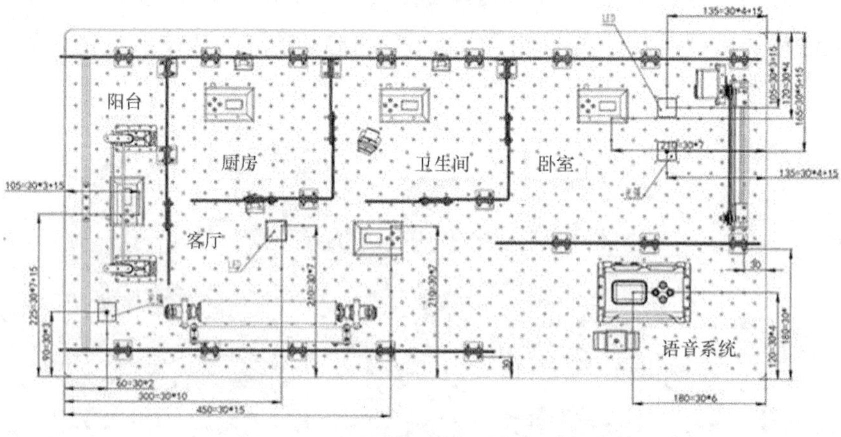

图 10-3 智能家居构型平面示意图

10.2 方案讨论

智能家居（smart home 或者 home automation）是以住宅为平台，利用自动控制技术，集成家居生活有关的设施，构建简洁高效的住宅设施管理系统，提升家居舒适性并实现环保节能的居住环境。智能家居系统需要大量的通信线路，但在住宅环境下布线困难，因此，当前主流的智能家居系统主要通过 ZigBee 无线网络进行数据交换。

卓越之星包含的 LUBYmini 控制器，内部集成有可充电锂电池，通过控制器的低功耗特性和 ZibGee 组网功能，可以方便地在智能家居系统中充当无线节点的角色。传感器是智能家居系统的重要组成部分，用于将环境信息量化处理，卓越之星提供了光敏传感器，可以感知光照环境，使用光敏传感器，可以实现灯光的自动调节，同时，搭配使用卓越之星舵机和结构件，可以实现各种机构和运动，从而实现智能家居构型的搭建。

使用卓越之星搭建的智能家居系统的系统框图如图 10-4 所示。

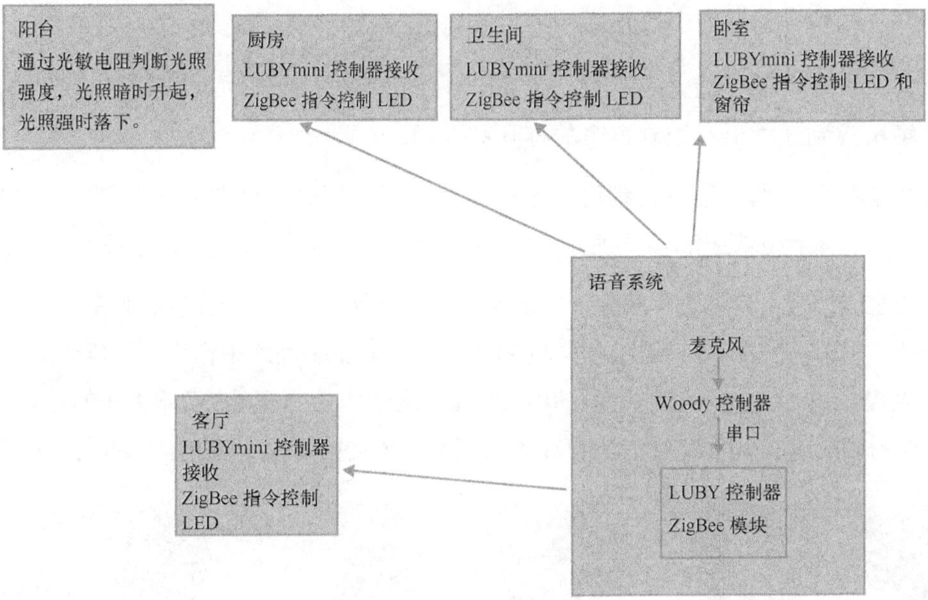

图 10-4 系统框图

10.3 功能需求描述

系统应该包含有灯的手动控制、遥控、传感控制、语音控制等功能，对自动窗帘实现自动控制和语音控制，对自动晾衣杆实现针对光照的闭环自动控制，针对家庭影院场景实现语音智能控制。

其中：

客厅含有家庭影院场景模式，能通过语音指令控制关灯、投影幕布下拉、打开投影仪等一系列动作。

卧室能通过语音控制灯开关，能通过感知光照，自动控制窗帘。

厨房能控制厨房电器的自动启动等。

阳台能通过感知光照强度，自动控制晾衣杆的升降。

卫生间能通过传感器、语音交互控制灯的开关。

自动晾衣杆当光强传感器被遮盖或光线较弱时自动下降，反之升高。

遥控开关灯通过远程无线遥控器按钮控制开灯。

手动开关灯通过房间内的按钮控制关灯。

红外感应开关灯是指在卫生间内安装有红外传感器，检测到有人进入时，自动开灯。

语音窗帘控制通过语音控制窗帘的打开和关闭。

客厅场景控制，通过语音控制进入家庭影院模式，同时自动关闭客厅灯，打开投影仪，展开投影幕布。关闭影院模式，同时自动打开客厅灯，关闭投影仪，收起投影幕布。

系统在空间位置上分为 5 个部分，分别是客厅、阳台、厨房、卫生间、卧室。在控制上采用分布式控制，每个房间由单一的控制器独立控制，在 ZigBee 网络中作为路由器节点，另外有一套 LUBY 及 Woody 构成语音控制系统的中心，在网络中作为协调器，负责系统的整体协调控制。其系统构成图如图 10-5 所示。读者也可在本书配套电子文档中找到智能家居的电气接线图。

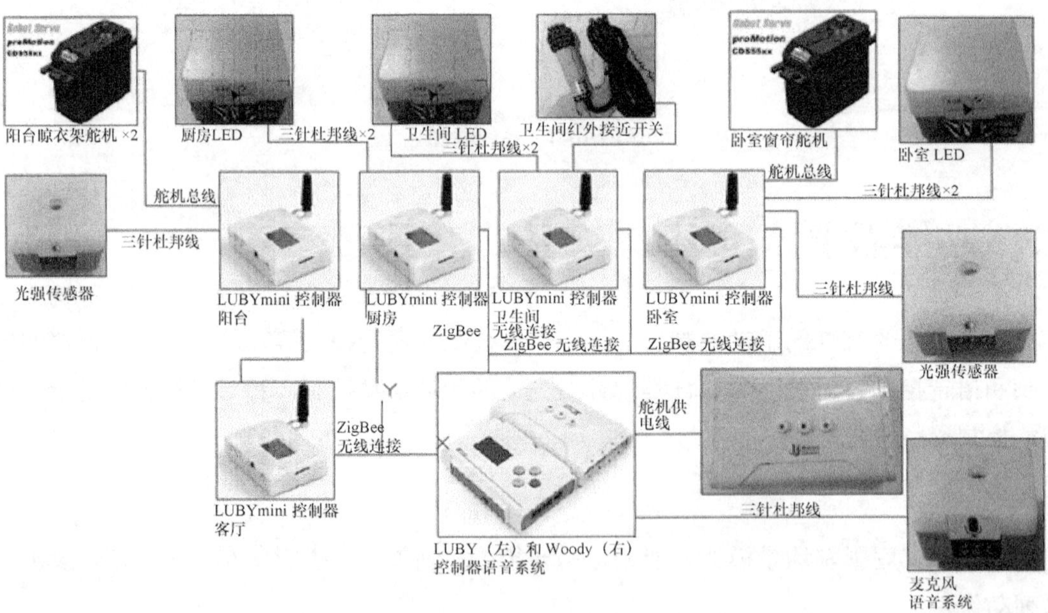

图 10-5　系统构成图

10.4　构型及搭建

通过前面章节的学习，相信读者可根据自己的创意设计出不同形态的智能家居场景，在此不再赘述，图 10-6 为场景中用到的几种构型的装配方案，供读者参考。其详细的搭建步骤请读者参考本书配套资源中的《FollowMeGo》搭建动画。

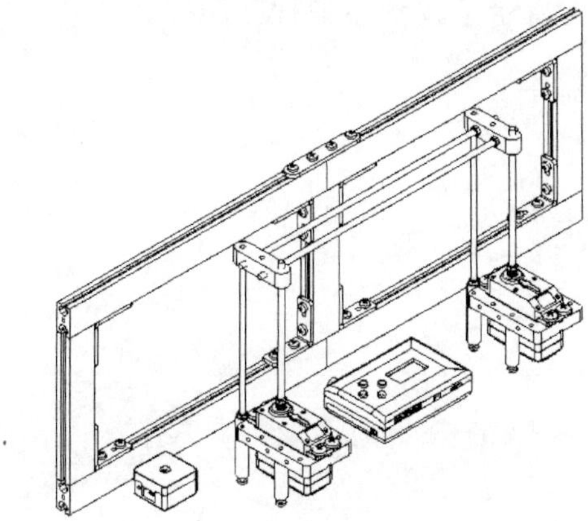

升降晾衣架

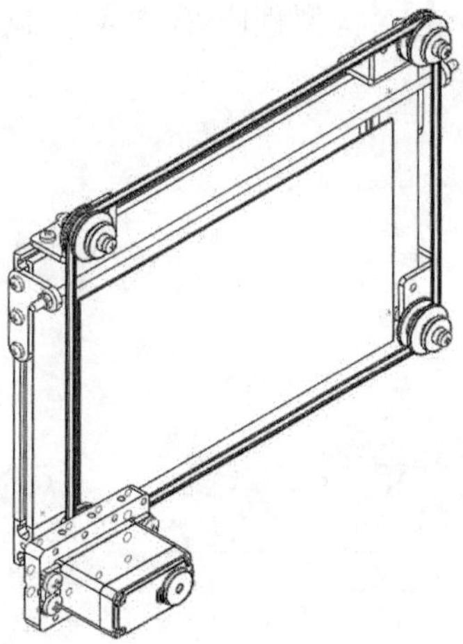

自动窗帘

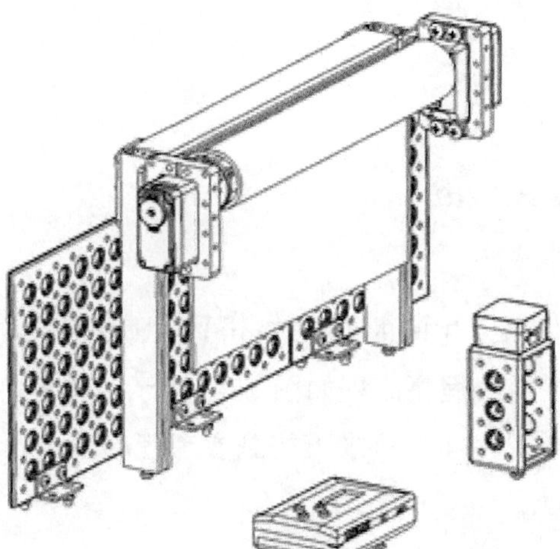

投影设备

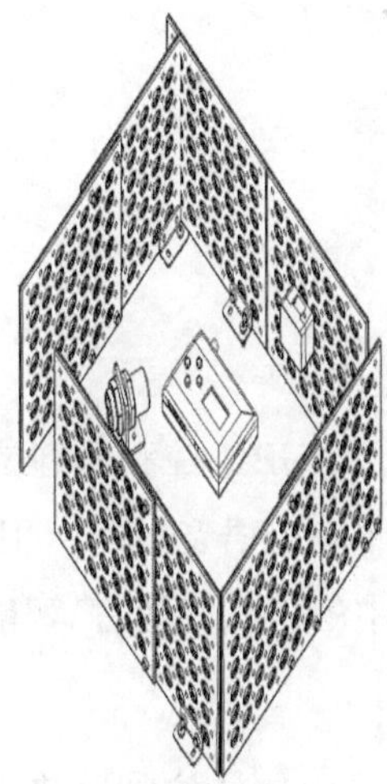

卫生间灯

图 10-6　几种构型装配方案

10.5　程序控制流程

1．卧室

通过加入 LUBY 控制器建立的 ZigBee 网络，位于卧室的 LUBYmini 控制器可以接收控制命令，从而完成语音控制，卧室 LUBYmini 控制器程序流程如图 10-7 所示，读者可在配套电子资料中的“构型程序\智能家居\Mini 控制器-卧室”目录下找到参考程序源码。

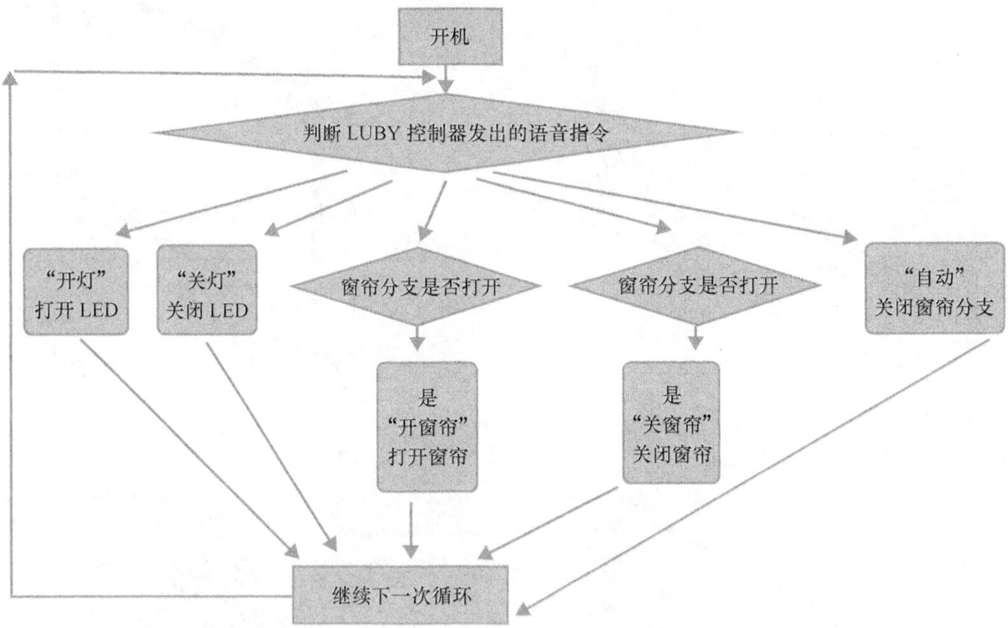

图 10-7　卧室控制器流程图

2．卫生间

通过加入 LUBY 控制器建立的 ZigBee 网络，位于卫生间的 LUBYmini 控制器可以接收控制命令，从而完成语音控制，卫生间 LUBYmini 控制器程序流程如图 10-8 所示，读者可在配套电子资料中的“构型程序\智能家居\Mini 控制器-卫生间”目录下找到参考程序源码。

3．厨房

通过加入 LUBY 控制器建立的 ZigBee 网络，位于厨房的 LUBYmini 控制器可以接收控制命令，从而完成语音控制，厨房 LUBYmini 控制器程序流程如图 10-9 所示，读者可在配套电子资料中的“构型程序\智能家居\Mini 控制器-厨房”目录下找到参考程序源码。

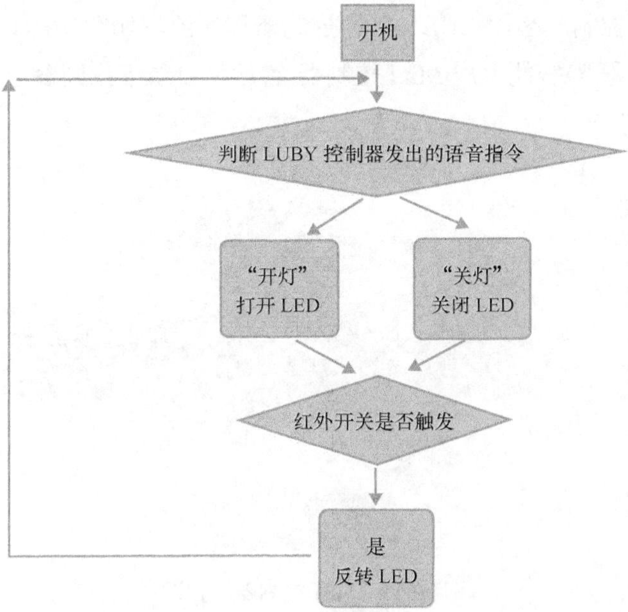

图 10-8　卫生间控制器流程图

4．阳台

位于阳台的 LUBYmini 控制器通过光强传感器感知光照，并根据光照强度自动调节晾衣架的状态，阳台 LUBYmini 控制器程序流程如图 10-10 所示，读者可在配套电子资料中的“构型程序\智能家居\Mini 控制器-阳台”目录下找到参考程序源码。

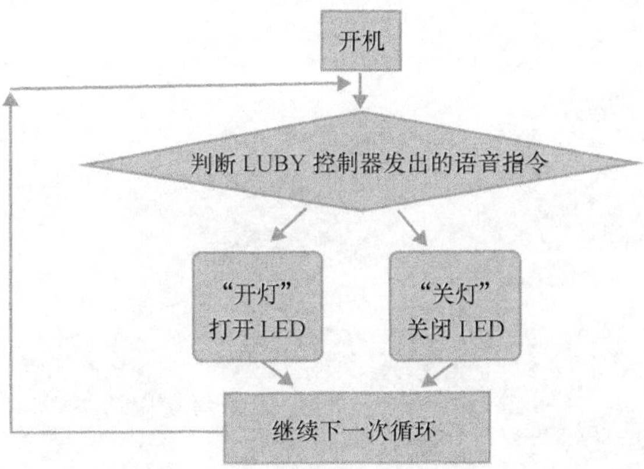

图 10-9　厨房控制器流程图

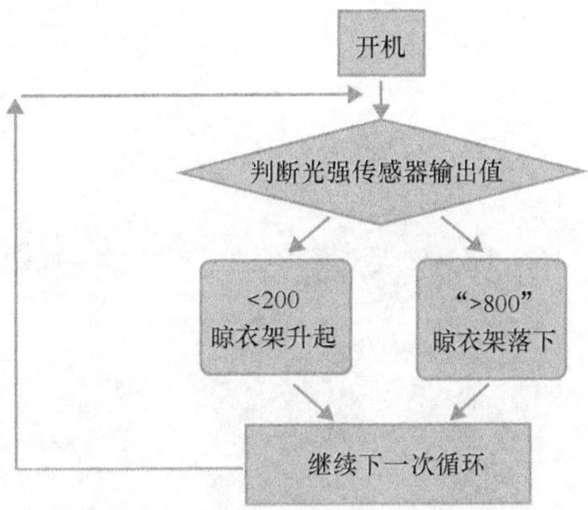

图 10-10　阳台控制器流程图

5．客厅

通过加入 LUBY 控制器建立的 ZigBee 网络，位于客厅的 LUBYmini 控制器可以接收控制命令，从而完成语音控制，客厅 LUBYmini 控制器程序流程如图 10-11 所示，读者可在配套电子资料中的“构型程序\智能家居\Mini 控制器-客厅”目录下找到参考程序源码。

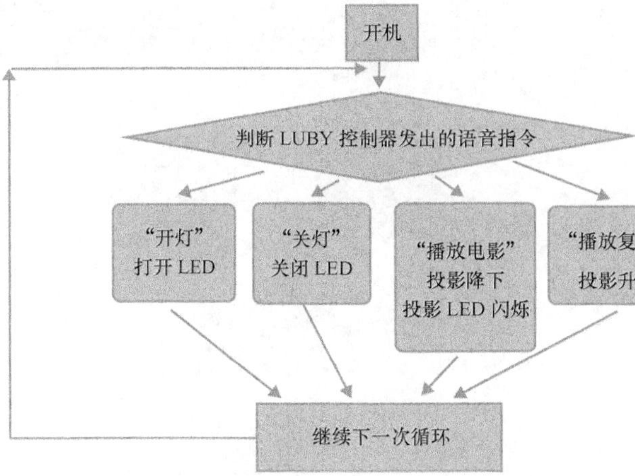

图 10-11　客厅控制器流程图

6．语音系统

语音系统由 Woody 和 LUBY 控制器组成，Woody 控制器负责解析语音指令，并将解析后的指令通过串口传输给 LUBY 控制器，LUBY 控制器负责建立 ZigBee 网络，并通过 ZigBee 网络向各个 LUBYmini 控制器发送语音指令，语音系统 LUBY 控制器程序流程如图 10-12 所示，读者可在配套电子资料中的“构型程序\智能家居\卓越之星控制器”目录下找到参考程序源码。

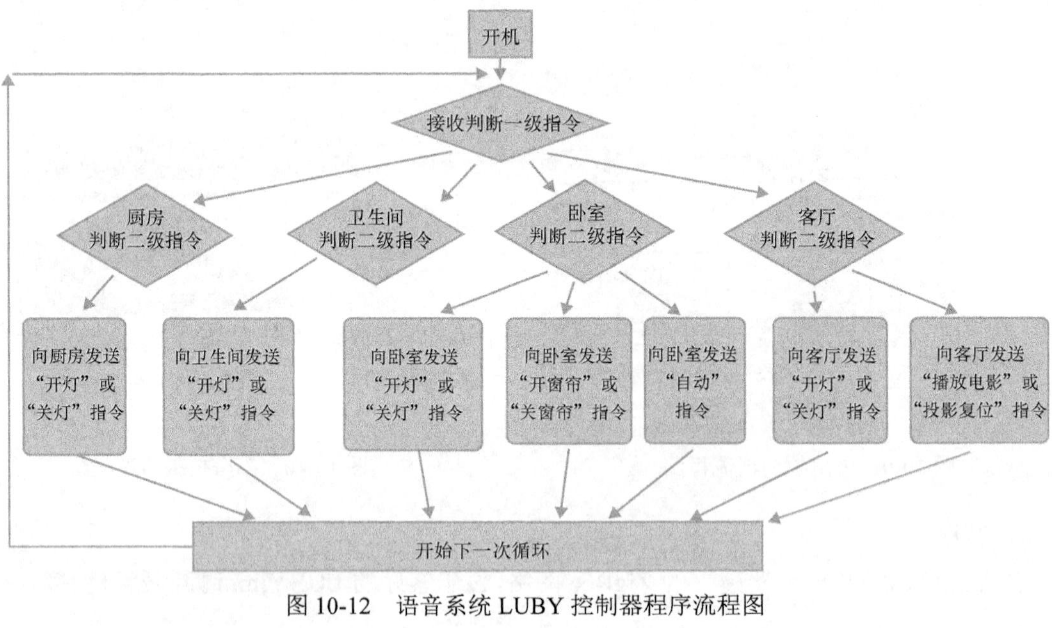

图 10-12　语音系统 LUBY 控制器程序流程图

10.6 系统运行结果

打开构型电源，等待约 10 s，Woody 控制器发出“滴滴”响声，LUBY 控制器 LCD 屏幕显示“语音识别”。

1. 卧室

在卧室中，可通过语音控制窗帘的开关、LED 照明灯的亮灭，其语音控制指令如下：一级指令为“卧室”，说完一级指令后，LUBY 控制器 LCD 屏幕显示“卧室”，此时可以说二级指令。

二级指令：“开灯”，控制卧室 LED 灯打开；“关灯”，控制卧室 LED 灯关闭；“开窗帘”，控制卧室窗帘打开；“关窗帘”，控制窗帘关闭；“自动”，控制卧室 LED 灯进入自动控制模式，此时系统通过光敏传感器采集的光线强弱，自动开关灯。

2. 卫生间

卫生间可通过语音控制 LED 照明灯的亮灭，一级指令为“卫生间”，说完一级指令后，LUBY 控制器 LCD 屏幕显示“卫生间“，此时可以说二级指令。

二级指令：“开灯”，控制卫生间 LED 灯打开；“关灯”，控制卫生间 LED 灯关闭。

同时可以通过遮挡红外接近传感器，对 LED 照明灯进行手动开关控制。

3. 厨房

厨房可通过语音控制 LED 照明灯的亮灭，一级指令为“厨房”，说完一级指令后，LUBY 控制器 LCD 屏幕显示“厨房“，此时可以说二级指令。

二级指令：“开灯”，控制厨房 LED 灯打开；“关灯”，控制厨房 LED 灯关闭。

4. 阳台

阳台包含晾衣架控制功能，根据光照情况自动升降，当用手遮挡光敏电阻（暗环境，AD 值<200）时，晾衣架升起，当用手电筒照射光敏电阻（亮环境，AD 值>800）时，晾衣架下降。

5. 客厅

客厅可通过语音控制 LED 照明灯亮灭和投影幕布的升降，一级指令为“客厅”，说完一级指令后，LUBY 控制器 LCD 屏幕显示“客厅“，此时可以说二级指令。

二级指令：“开灯”，控制客厅 LED 灯打开；“关灯”，控制客厅 LED 灯关闭

客厅的投影升降功能语音指令（不需要说一级指令）；“播放电影”，控制投影仪幕布下降，同时投影仪 LED 灯闪烁；“投影复位”，控制投影幕布升起。

10.7　功能拓展讨论

如今手机 App 在各行业大规模使用，给我们的生活带来了便利。智能家居系统为了更方便控制也经常使用手机客户端对各种家电进行信息交互控制。本系统中的 LUBY 控制器内部含有蓝牙模块，能与手机蓝牙进行通信。在手机端编写一个界面，就可以获取到设备的实时传感器信息和对设备进行控制，在做到这一步之前，需要了解 App 开发的各项技术基础。对于 LUBY 系统，则需要参照 USDG 提供的蓝牙串口控制函数的说明来实现通信。

第 11 章 食品安全追溯系统场景

11.1 场景简介

随着消费者对食品安全越来越重视，食品加工企业也意识到可追溯体系在控制食品安全中的重要作用，利用互联网等最新技术构建的可追溯体系成为近年来众多食品企业的选择。

食品安全追溯是食品安全的有力保障，消费者可以通过超市终端或平台对食品原料种植、生产、加工、运输等情况进行查询。

图 11-1 为卓越之星搭建的食品安全追溯系统场景，它依靠 ZigBee 组网技术和 RFID 电子

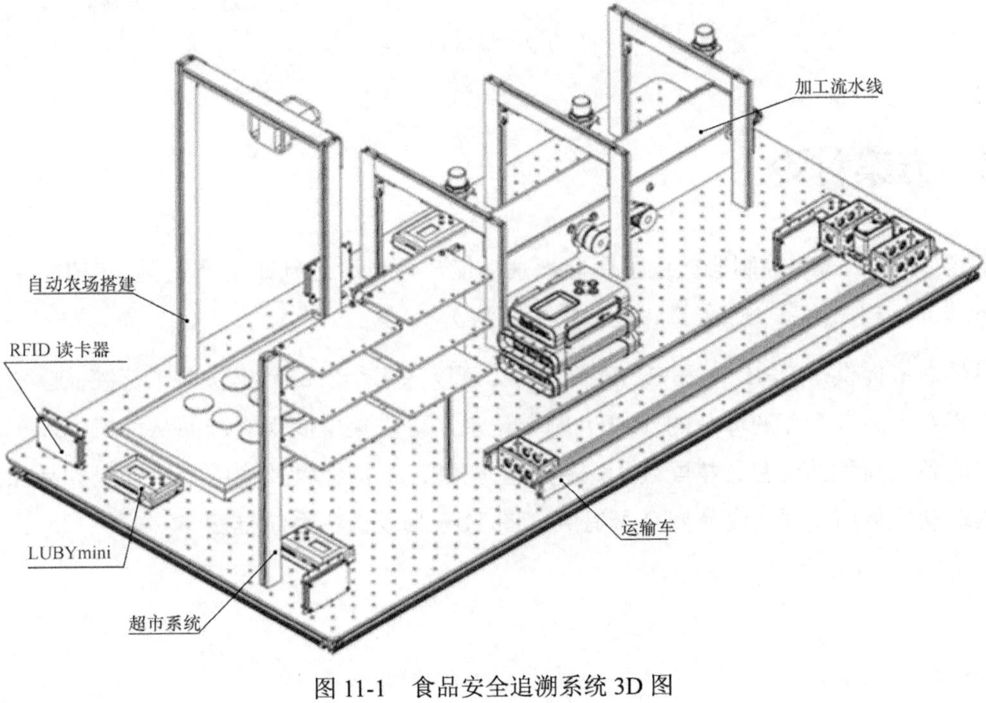

图 11-1 食品安全追溯系统 3D 图

标签，实现了农作物从种植、加工、运输、上架到销售整个过程的数据记录。在产品销售后，消费者可以通过网络查询到的农产品的各个生产环节，对产品的安全性进行考察监督。其布局图如图 11-2 所示。

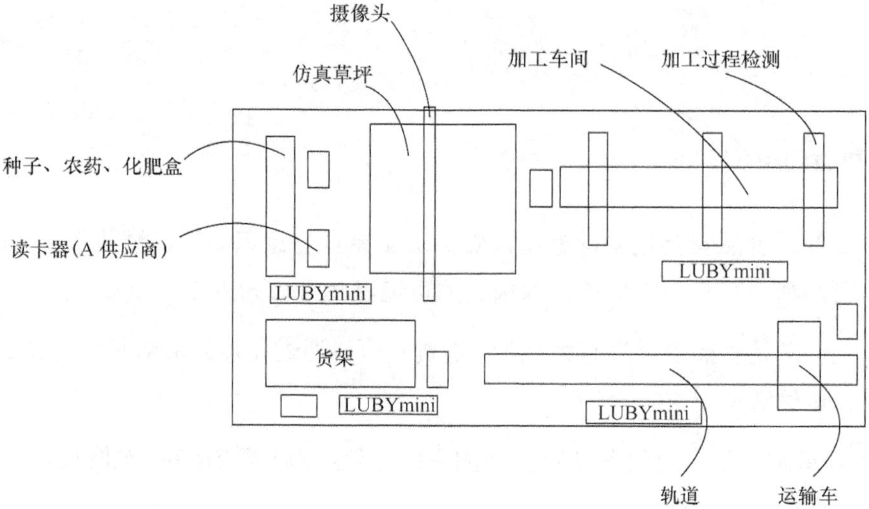

图 11-2　场景布局图

11.2　方案讨论

卓越之星 Woody 控制器提供了图像识别功能，可以通过判断生产资料（RFID 卡）的颜色，自动录入相关信息（如采摘、运输、销售等）。

卓越之星提供了 RFID 卡和 RFID 读卡器，可以为每个农产品提供电子标签，通过 ZigBee 通信汇集农产品各个流通环节的 RFID 刷卡记录，可以集中展现农产品从种植、加工、运输到销售的各个流程的信息，搭配使用卓越之星舵机、结构件以及输送带，展现食品加工和运输中的运动，从而实现了食品安全可追溯。图 11-3 为场景的系统框图。

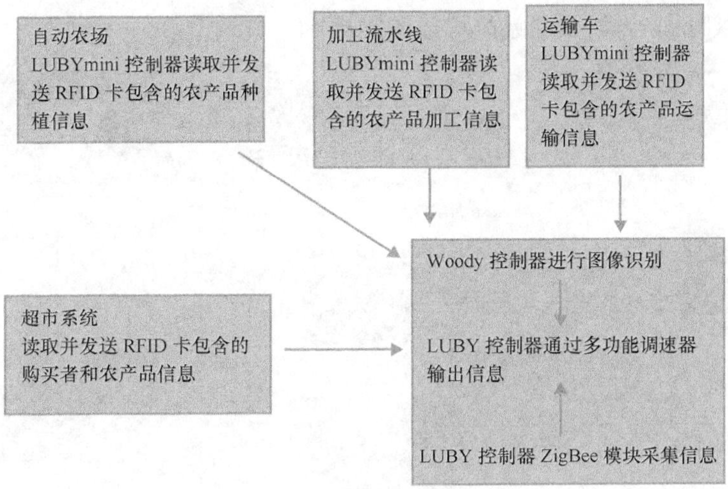

图 11-3 系统框图

11.3 功能需求描述

系统构成上应该包含 5 个部分，分别是农场、加工厂、运输设备、蔬菜超市、处理服务端。这些设备空间上是分离的，需要进行基于无线通信的分布式控制。其中：

- 农场，实现对种植、施肥、农药等信息的记录。
- 加工厂，实现对加工过程的演示及信息记录。
- 运输设备，演示运输过程信息记录。
- 蔬菜超市，演示销售过程。
- 处理服务端，包括 PC 及控制器端，完成信息的汇总和处理。

基本功能流程如下所示：

步骤 1：手动选择不同颜色的种子，刷卡后，置于草坪上。

步骤 2：手动选择不同的农药、化肥刷卡。

步骤 3：拾取成熟的工件刷卡后放置到输送带上进入加工。

步骤 4：加工完成后放置到运装盒子上进行搬运。

步骤 5：搬运完成刷卡后放置到货架上，有客户购买时刷卡。

通过无线网络访问指定 IP，打开网页，记录以上的过程信息。

综上所述，图 11-4 为场景的系统构成图。

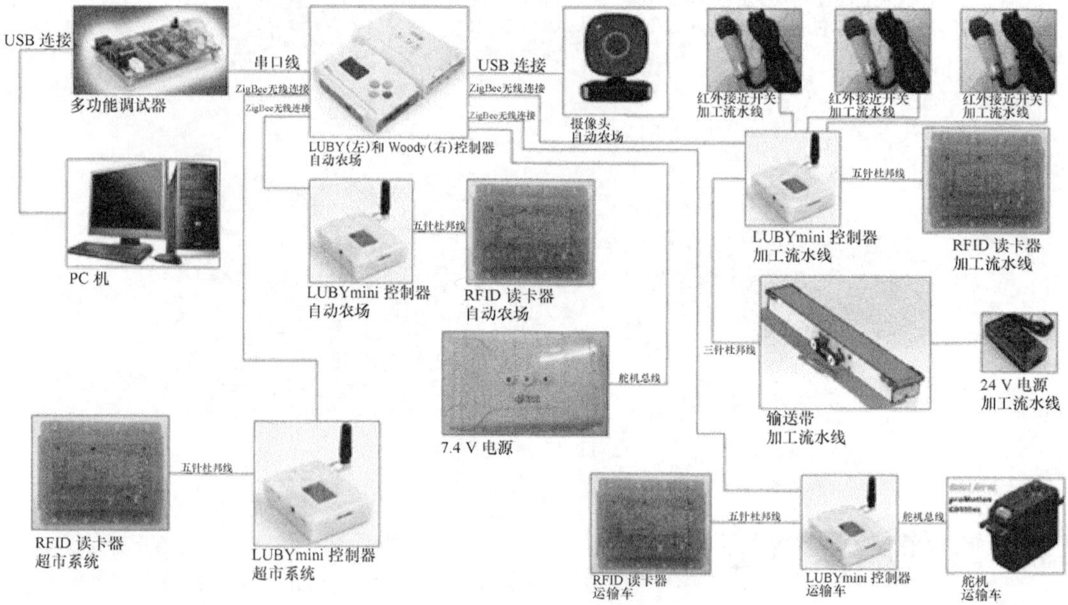

图 11-4　系统构成图

11.4　构型及搭建

通过前面章节的学习，相信读者可根据自己的创意设计出不同形态的食品安全可追溯场景，在此不再赘述。图 11-5 为场景中用到的几种构型的装配方案，供读者参考。其详细的搭建步骤请读者参考本书配套资源中的《FollowMeGo》搭建动画。

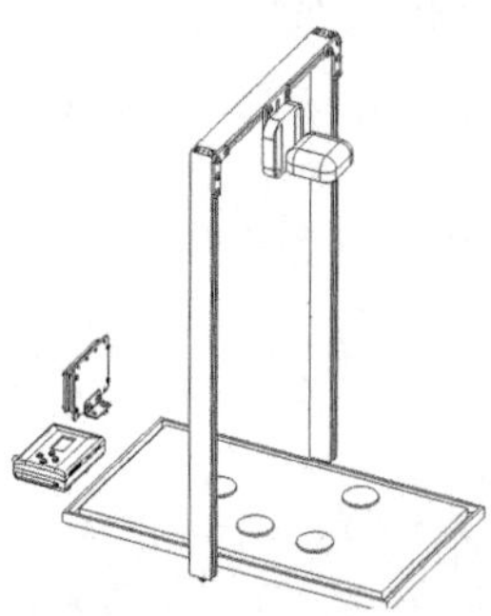

生产过程——全程受监控的农场

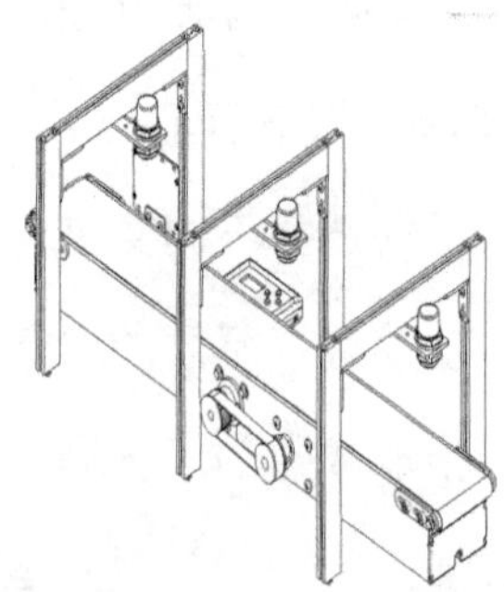

加工过程——清洗、分拣、包装线

图 11-5　几种构型的装配方案

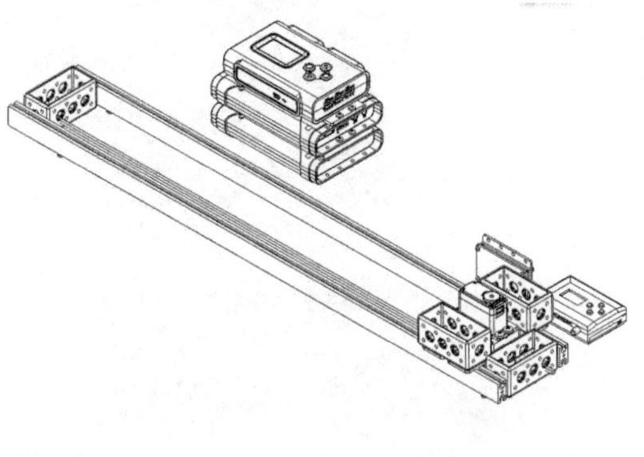

运输过程——冷链轨道车

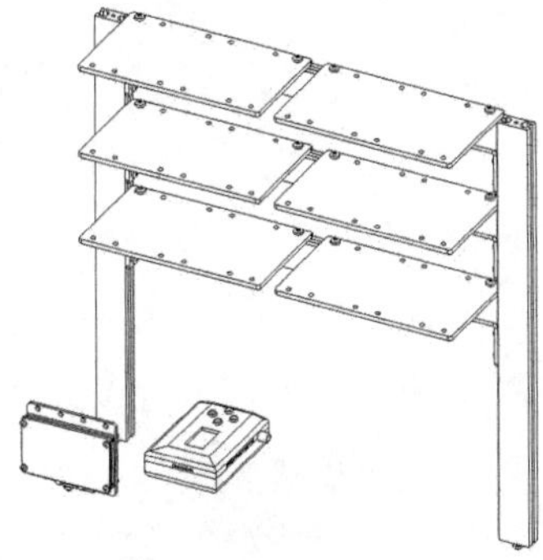

销售过线——超市货架

图 11-5 几种构型的装配方案（续）

11.5 程序控制流程

1. 自动农场

自动农场系统用于记录农作物种植者和种子信息，是模拟食品安全追溯的第一个阶段，自动农场 LUBYmini 控制器程序流程如图 11-6 所示，读者可在配套电子资料中的“构型程序\05 食品安全追溯\Mini 控制器-种植地”目录下找到参考程序源码。

2. 加工流水线

加工流水线用于在模拟加工农作物的过程中记录加工人员，加工流水线 LUBYmini 控制器程序流程如图 11-7 所示，读者可在配套电子资料中的“构型程序\05 食品安全追溯\Mini 控制器-传送带”目录下找到参考程序源码。

3. 运输车

运输车用于在模拟农作物运输过程中记录司机信息，运输车 LUBYmini 控制器程序流程如图 11-8 所示，读者可在配套电子资料中的“构型程序\05 食品安全追溯\Mini 控制器-小车”目录下找到参考程序源码。

4. 超市系统

超市系统用于模拟农作物出售过程中记录购买者信息，超市系统 LUBYmini 控制器程序流程如图 11-9 所示，读者可在配套电子资料中的“构型程序\05 食品安全追溯\Mini 控制器-上货架”目录下找到参考程序源码。

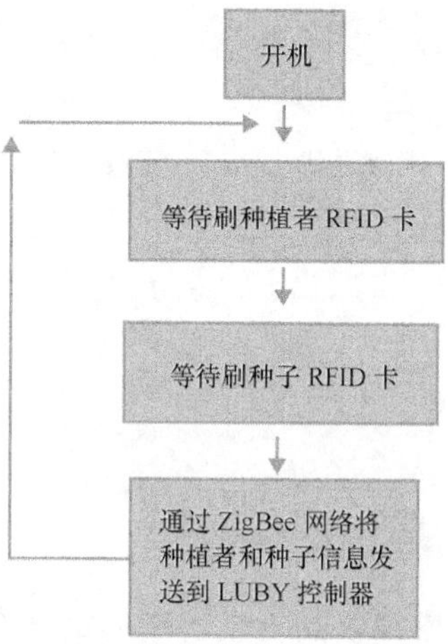

图 11-6　自动农场 LUBYmini 控制器程序流程图

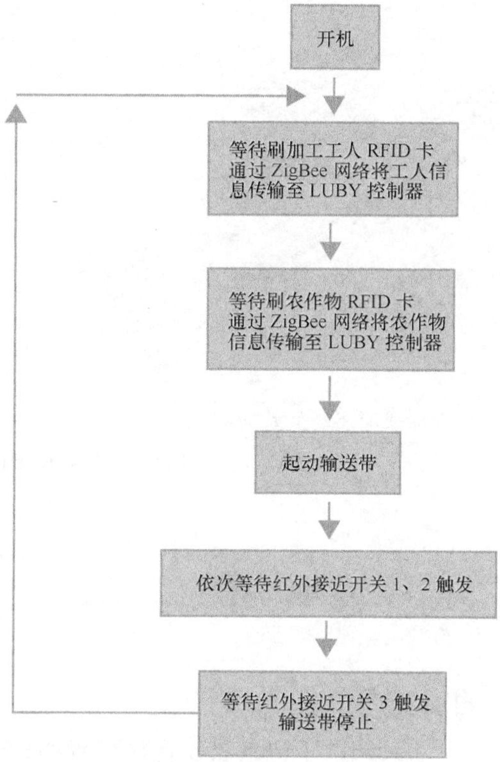

图 11-7　加工流水线 LUBYmini 控制器程序流程图

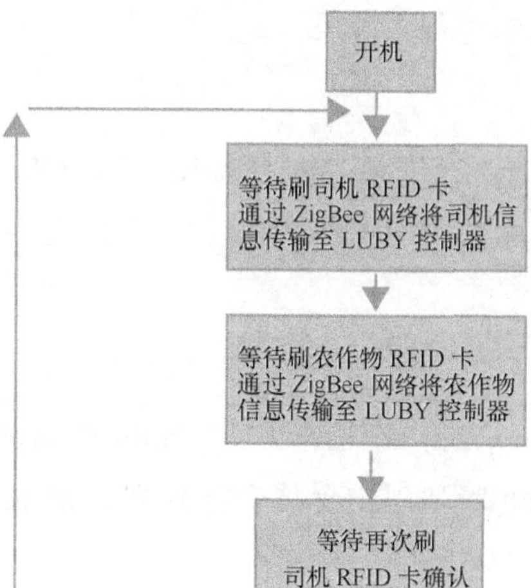

图 11-8　运输车 LUBYmini 控制器程序流程图

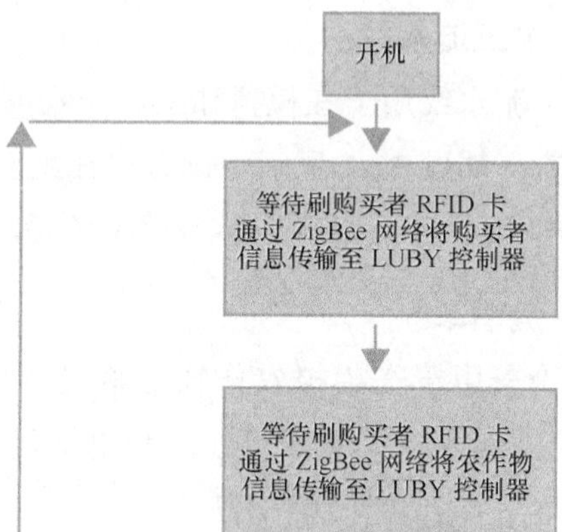

图 11-9　超市系统 LUBYmini 控制器程序流程图

5. LUBY 控制器与图像识别

该部分由 LUBY 控制器和 Woody 控制器构成，LUBY 控制器负责作为协调器建立 ZigBee 网络，并收集 LUBYmini 控制器发来的信息，通过串口传输到 PC，Woody 控制器负责在种子卡放置于农田时进行图像识别，在图像中识别种子卡的颜色并标定位置，该部分 LUBY 控制器程序流程如图 11-10 所示，读者可在配套电子资料中的“构型程序\05 食品安全追溯\卓越之星控制器”目录下找到参考程序源码。

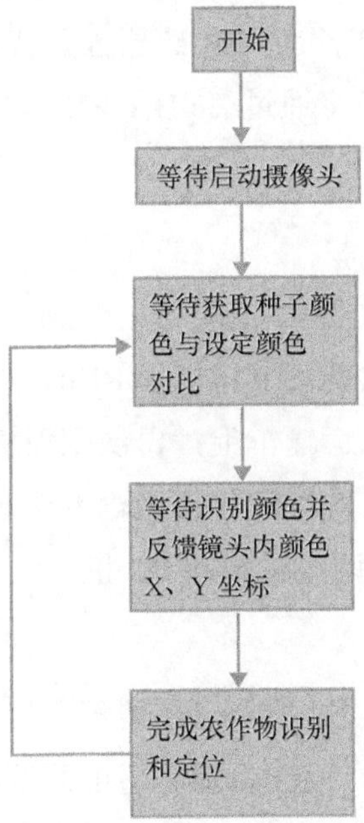

图 11-10　LUBY 控制器程序流程图

11.6　系统运行结果

打开构型电源，等待约 10 s，Woody 控制器发出“滴滴”响声。

1. 自动农场

自动农场系统用于记录农作物种植者和种子信息，是模拟食品安全追溯的第一个阶段，自动农场区域带有 RFID 读卡器，此阶段，在 RFID 读卡器处先刷代表种植者的 RFID 卡，再刷代表种子类型的 RFID 卡，然后把种子卡放在农田中央（有颜色标记的一侧朝上），Woody 控制器会进行图像识别，等待 5 s，在此过程中，种植者信息和种植作物类型将通过 ZigBee 网络传输至 LUBY 控制器并通过多功能调试器传入 PC 机。

2．加工流水线

加工流水线用于在模拟加工农作物的过程中记录加工人员，由一台传送带和一个 RFID 读卡器组成。在该阶段，在 RFID 刷卡处先刷代表加工工人的 RFID 卡，再刷代表农作物（种子）类型的 RFID 卡，传送带启动，将代表种子的 RFID 卡放在传送带上，依次通过传送带上的 3 个红外接近开关，模拟加工过程。当 RFID 卡到达传送带上第三个红外传感器时，传送带自动停止，代表加工过程完成，3 个红外传感器分别代表分拣、清洗、分切 3 个工序，在此过程中，加工者信息和农作物类型将通过 ZigBee 网络传输至 LUBY 控制器并通过多功能调试器传入 PC 机。

3．运输车

运输车用于在模拟农作物运输过程中记录司机信息，由一台轨道小车和一个 RFID 读卡器组成，此阶段，在 RFID 刷卡处先刷代表司机的 RFID 卡，再刷代表农作物（种子）的 RFID 卡，将农作物（种子）RFID 卡放在运输车上，再次刷司机 RFID 卡，运输车启动，将农作物（种子）卡运输至超市系统区域。在此过程中，运输者信息和农作物类型将通过 ZigBee 网络传输至 LUBY 控制器并通过多功能调试器传入 PC 机。

4．超市系统

超市系统用于在模拟农作物出售过程中记录购买者信息，由货架和 RFID 读卡器组成，是食品安全追溯系统的最后阶段，当运输车到达超市系统时，先刷代表购买者的 RFID 卡，再刷代表农作物类型的 RFID 卡，系统记录货物已售出，在此过程中，购买者信息和农作物类型将通过 ZigBee 网络传输至 LUBY 控制器并通过多功能调试器传入 PC 机。

运输车到达超市系统后，先刷代表司机的 RFID 卡，再刷代表农作物类型的 RFID 卡，运输车会返回装货处。

在此过程中，将多功能调试器连接至计算机，通过 FSTS 发布器将信息保存为网页格式，通过 IIS 软件发布到网络，可以供 PC 机或移动终端访问，查询农作物耕种、加工、运输、销售整个过程的信息，FSTS 发布器如图 11-11 所示。浏览网页所显示的信息如图 11-12 所示。

读者可以通过 Windows 系统自带的 IIS 管理器建立网页服务器（如图 11-13 所示），方便其他设备通过网络查询记录。

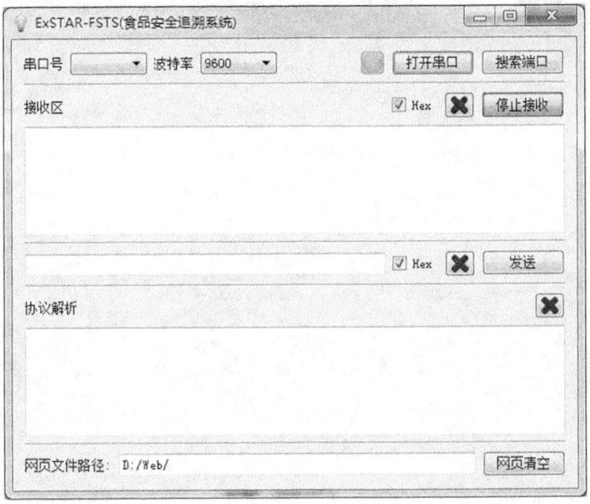

图 11-11　使用 FSTS 发布器接收串口程序并保存为网页文件

欢迎查询，产品ID:--000000--产品名称：--西红柿--

时间	项目	记录项	操作员
2015-03-11_12:35.23	种子录入	西山种子公司　（型号XX-01）	王小毛
2015-03-11_12:35.23	播种	北京昌平小汤山（12、2354）	王小毛
2015-03-11_12:35.23	施肥	史丹利复合肥（ST-021）	王小毛
2015-03-11_12:35.23	用药	北京博创农药公司（乙草胺4号）	王小毛
2015-03-11_12:35.23	采摘	北京昌平小汤山（12、2354）	王小毛
2015-03-11_12:35.23	加工入厂	北京朝阳食品加工厂	张三
2015-03-11_12:35.23	分拣	分拣合格	张三
2015-03-11_12:35.23	清洗	清洗合格	张三
2015-03-11_12:35.23	分切	分切合格	张三
2015-03-11_12:35.23	出厂运输	北京快运货运公司（运单号：254757）	李四
2015-03-11_12:35.23	到货	北京物美立水桥店（温度：-1~4℃，震动：5级）	李四
2015-03-11_12:35.23	售出	单号（PN100100）	王五

>>>当前只有这些信息了，请猛戳刷新！

图 11-12　使用浏览器查看本地记录

读者可在本书配套资源的文件夹“构型程序\05 食品安全追溯\FSTS 发布器”目录下找到 FSTS 发布器软件。

图 11-13　Windows IIS 管理器

使用 IIS 搭建网页服务器的相关文件在“构型程序\05 食品安全追溯\IIS 发布配置”目录下。

11.7　功能拓展讨论

食品供求关系平衡是农业生产中的一个问题，在市场经济时代，经常出现农产品种植过剩，农民遭受损失，或者“天价葱”、“天价猪肉”的情况，这都是生产与与市场需求信息脱节导致的。对于互联网技术高速发展和广泛应用的今天，通过信息的共享和发布，能将供求方联系起来，通过大数据的统计整理，给生产群体提供可靠的参考信息，以指导生产。同时，随着信息系统的逐步完善和物联网技术的发展，不仅在信息追溯、供求平衡方面，在按需定制生产方面，也将出现更加喜人的成果。

异步社区
人民邮电出版社
www.epubit.com.cn

欢迎来到异步社区！

异步社区的来历

异步社区 (www.epubit.com.cn) 是人民邮电出版社旗下 IT 专业图书旗舰社区，于 2015 年 8 月上线运营。

异步社区依托于人民邮电出版社 20 余年的 IT 专业优质出版资源和编辑策划团队，打造传统出版与电子出版和自出版结合、纸质书与电子书结合、传统印刷与 POD 按需印刷结合的出版平台，提供最新技术资讯，为作者和读者打造交流互动的平台。

社区里都有什么？

购买图书

我们出版的图书涵盖主流 IT 技术，在编程语言、Web 技术、数据科学等领域有众多经典畅销图书。社区现已上线图书 1000 余种，电子书 400 多种，部分新书实现纸书、电子书同步出版。我们还会定期发布新书书讯。

下载资源

社区内提供随书附赠的资源，如书中的案例或程序源代码。

另外，社区还提供了大量的免费电子书，只要注册成为社区用户就可以免费下载。

与作译者互动

很多图书的作译者已经入驻社区，您可以关注他们，咨询技术问题；可以阅读不断更新的技术文章，听作译者和编辑畅聊好书背后有趣的故事；还可以参与社区的作者访谈栏目，向您关注的作者提出采访题目。

灵活优惠的购书

您可以方便地下单购买纸质图书或电子图书，纸质图书直接从人民邮电出版社书库发货，电子书提供多种阅读格式。

对于重磅新书，社区提供预售和新书首发服务，用户可以第一时间买到心仪的新书。

用户帐户中的积分可以用于购书优惠。100 积分 =1 元，购买图书时，在 0 使用积分 里填入可使用的积分数值，即可扣减相应金额。